NHK
ダーウィンが来た!
生きもの新伝説
超肉食恐竜
ティラノサウルスの大進化!
NHK「ダーウィンが来た!」/原作
講談社/編　高橋拓真/漫画
JN243177
同時収録
「初めて見た!
日本の
巨大恐竜」

超肉食恐竜
ティラノサウルスの大進化!

ティラノサウルスvs.トリケラトプス

ティラノサウルスにとって、トリケラトプスは重要なえものでした。大きな角をもつトリケラトプスは、1対1では身を守ることもできたかもしれませんが、何頭ものティラノサウルスにおそわれては、立ち向かうのはむずかしかったでしょう。▶P.50 から

日本のスピノサウルス

群馬県の神流町からは、スピノサウルスのなかまの歯が見つかっています。アフリカのスピノサウルスのような巨大な帆をもっていたかどうかわかりませんが、ほかのスピノサウルスのなかまのように、水辺で魚を食べてくらしていたと考えられています。▶P.82 から

初めて見た！ 日本の巨大恐竜

豪快！ タンバティタニス

日本にも、巨大な恐竜が存在していました。長い首と尾をもった、竜脚類の植物食恐竜でした。成長した大きさは、15mにもなったと考えられており、その巨体のおかげで、肉食恐竜におそわれることもなかったでしょう。▶P.91 から

目次

NHKダーウィンが来た！ 超肉食恐竜 ティラノサウルスの大進化！

保護者の方へ

本書の内容は、ＮＨＫのテレビ番組「ダーウィンが来た！生きもの新伝説」をもとに構成しています。恐竜の大きさや生息地などは、研究者によってデータや解釈が異なる場合があります。あらかじめご了承ください。

はじめに

毎週日曜日夜7時30分から放送中の『ダーウィンが来た！　生きもの新伝説』は、放送開始から10年以上もつづいている自然番組です。

私たちの暮らす日本国内の身近な自然から、世界各地の未知の大自然まで、毎週、多彩な生きものを取り上げてきました。そのなかには、「深海のダイオウイカ」や「高山に暮らすユキヒョウ」などなど、カメラに映るだけでも大ニュースになるような、とっても珍しい動物たちも少なくありません。

取材班は、そんな動物たちが生きているありのままの姿を求め、世界の果てまで旅をして、カメラを構えつづけてきました。でも、どんなに山奥に分け入ろうが、どんなに深い海に潜ろうが、どんなにがんばって探してみても、決して出会うことができない生きものがいます。それが、今回の主人公の「恐竜」たちです。

私たち人類が地球上に誕生するよりも、はるか昔に絶滅してしまったため、残っているのは化石だけ。もちろん、写真や映像が残っているわけはなく、見たことのある人は世界に一人もいません。いったいどんな姿をし、どんな暮らしをしていたのか？　研究者や専門家に話を聞いて調べてみると、びっくり仰天。最新の研究成果をもとにすれば、恐竜たちが生きていたころの姿や暮らしぶりを、おどろくほど克明に描くことができることがわかりました。

しかも、その姿や行動、暮らしぶりは、私たちが知っている恐竜とはまったく違うものだったんです。たとえば、化石の研究をもとにすると、世界でもっとも有名な恐竜ティラノサウルスは、全身をワニのようなゴツゴツしたウロコではなく、モフモフの羽毛でおおわれていたことがわかったり。頭の骨の化石を細かく調べてみると、真夜中に真っ暗な森の中でえものを追いかけて狩りをしていた姿までが、明らかになってきたんです。
正直、これまで恐竜は、「実在の動物」というよりも、「想像上の動物」に近いイメージがあったんですが、おどろきの事実をいくつも目の当たりにして、すっかり考えが変わりました。恐竜はまぎれもなく、ライオンやトラと同じ「野生動物」だったんです。
ですから、番組ではいつもの『ダーウィンが来た！』と同じく、カメラマンが実際に撮ってきたかのようなリアルな映像にこだわってCGで恐竜を完全再現しました。じつは、恐竜を「野生動物」として見てみることで、新たな発見もありました。
たとえば、「恐竜は子育てをしていたのか？」という疑問。当然、誰も見たことはないし、研究者も答えようがありません。そんなとき、『ダーウィンが来た！』スタッフの「私は、アフリカでワニが自分の子どもを助けるところを見た」というひとことがきっかけで、研究者も納得。「生きものって、そういうものだよね」となり、ティラノサウルスの親子の関係を、これまでにないリアルな表現で描くことができました。
世界中の生きものたちの生態を見つめてきた『ダーウィン』取材班と、恐竜を知りつくした恐竜学者が二人三脚でつくりあげた、「野生動物としての恐竜」の真の姿、たっぷりとご堪能ください。はるか昔に絶滅した恐竜を、ぐっと身近な存在に感じてもらえるはずです。

チーフプロデューサー
足立泰啓

恐竜時代!!
「地球史上最強」とよび声の高い「ティラノサウルス」!
ヴァアア
超肉食恐竜ティラノサウルスの大進化!

恐竜のなかでもダントツにすぐれたその能力とは!?
日本にも巨大恐竜がいたことが判明!!
ズシーン
そんなおどろきにみちた世界が この白亜紀なのだ!!

どうだね！
わたしのつくった
「タイム
モニター」は!!
ゴアァァアァア!!
チャールズ研究所

ティラノサウルスも
じっくりと
見られるぞ！
ガアァヴァア!!
ズシーン ズシーン
かっこ
いい！
すごい
迫力だね
チャールズ博士
リュウタ
タンバ

このタイムモニターとはいったいなんですか?なにが映っているんですか!?

フッフッフ

すごい……!!夢にまで見た恐竜時代を…
この目で見てるのかぁ〜…

あ…ティラノがいっちゃう……
ハカセ！追いかけられないの!?
よしよし
カチャ

では追いかけるとしよう！
カポッ
カポッ

なんですかコレは？
ここからがタイムモニターの本領発揮！
ギュイイイイイイ
パチ
パチ
パチ
パチ
ま……まさか…!?
いざ!!!
カチッ

白亜紀の世界へ!!!
ズババババババ
ええ―――!!?
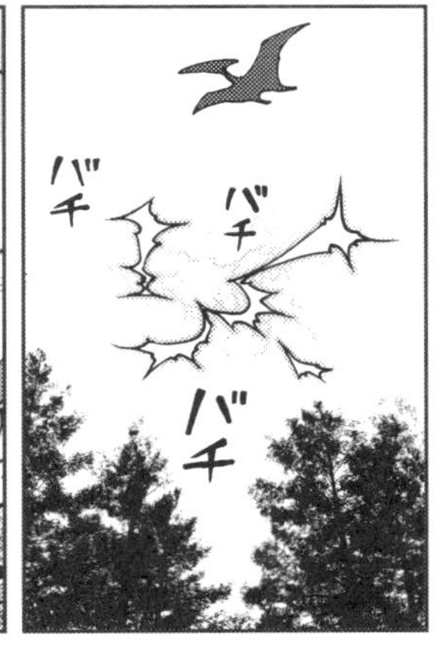
バチ
バチ
バチ

いたた
ドサ
あいたー
ドサ
ドサ

いっ!?

ド
ド
恐竜の群れだ!!
クワーッ
おどろいたかね
7000万年前!
白亜紀後期の北アメリカだ!!
クアッ
ド
ド
ド

グワーッ
すごいけど心の準備が……
グワーッ
あれはなんのさわぎかしら?
ギャギャギャギャギャ
ほ乳類が追われているようだぞ!

すごい！ほんものの恐竜時代！
ド
ド
ド
グァーーッ
クエエッ
ド
クルル
ド
ド
トロオドン　2m
体の大きさにたいして脳が大きく、賢い恐竜だったといわれている。
スルスル
グワーッ
うまく木の上に逃げられたね
キー
これは……「プルガトリウス」！最古の霊長類といわれているぞ
わたしたちの祖先かもしれないな
プルガトリウス
約10cm

恐竜が栄えていた三畳紀、ジュラ紀、白亜紀をとおして、ほ乳類は体も小さく、恐竜にねらわれる、弱い存在でした。

クヮアヴァアヴァアヅ!!
なにか来ましたぞ!!
これは……「ケツァルコアトルス」!!
ギョ
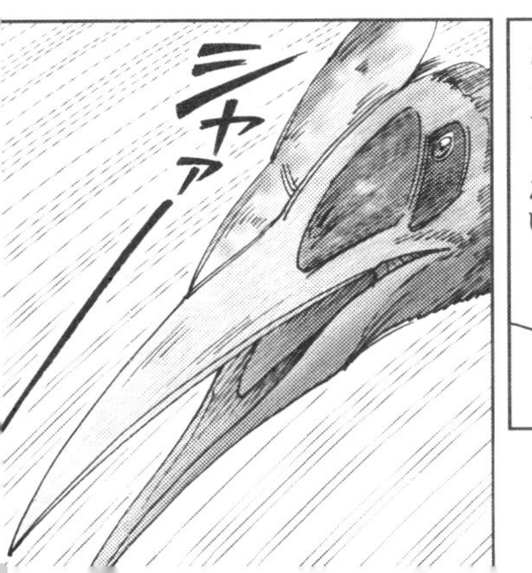
シャアーー

翼をひろげると12mにもなる翼竜だ!!
史上最大の飛行動物といわれている!!
いわんこっちゃない……

ザク
ギャー――!!!
リュウタくん!!!

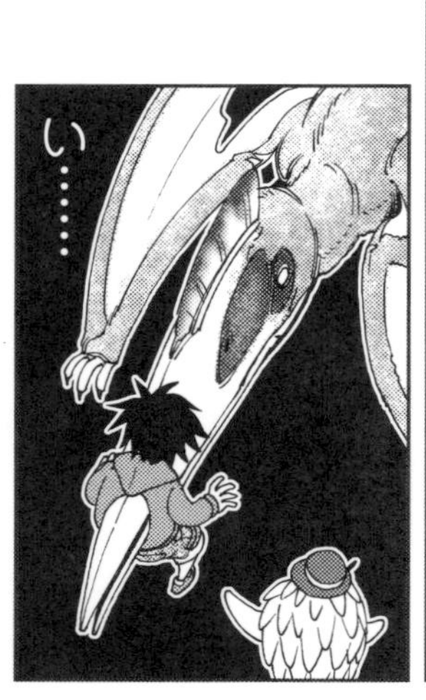
い……

いきなりおわっちゃったよ人生!……
せめてパンチの利いた化石になりたいな……
オ～Oh!!

…あれ!?無傷だ!
ハッハッハ!!
なにしてんの?

これがタイムモニターの「体感型3D中継」なのだ!!
?

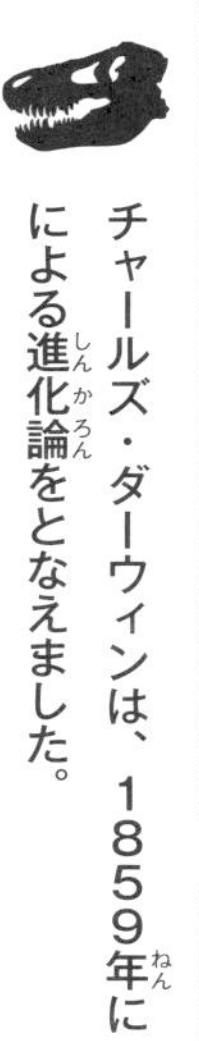

チャールズ・ダーウィンは、1859年に『種の起源』をあらわし、環境に適応したものが生きのこるという、自然淘汰説による進化論をとなえました。

チャールズ・ダーウィン
イギリスの生物学者。生物進化の理論を確立した。

うん！キマってるな！
キリッ
気にいってるならいいけど…
あ

あれ見て！

「トリケラトプス」！
よく知っているね！最大の角竜類だぞ！
トリケラトプス 9m
白亜紀の後期に大繁栄した植物食恐竜。3本の角と、大きなフリルをもつ。

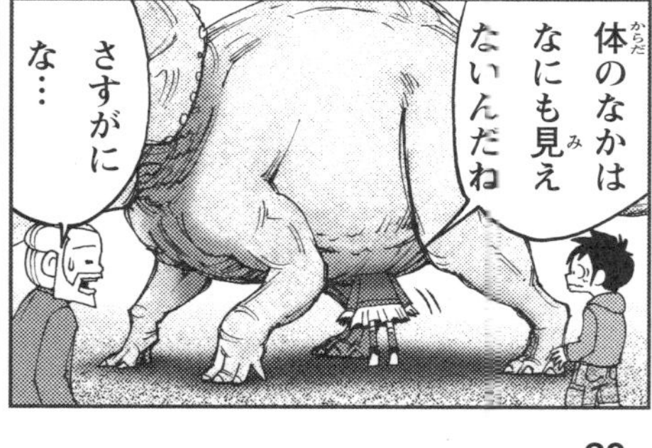
体のなかはなにも見えないんだね
さすがにな…

シャーッ
うわっ

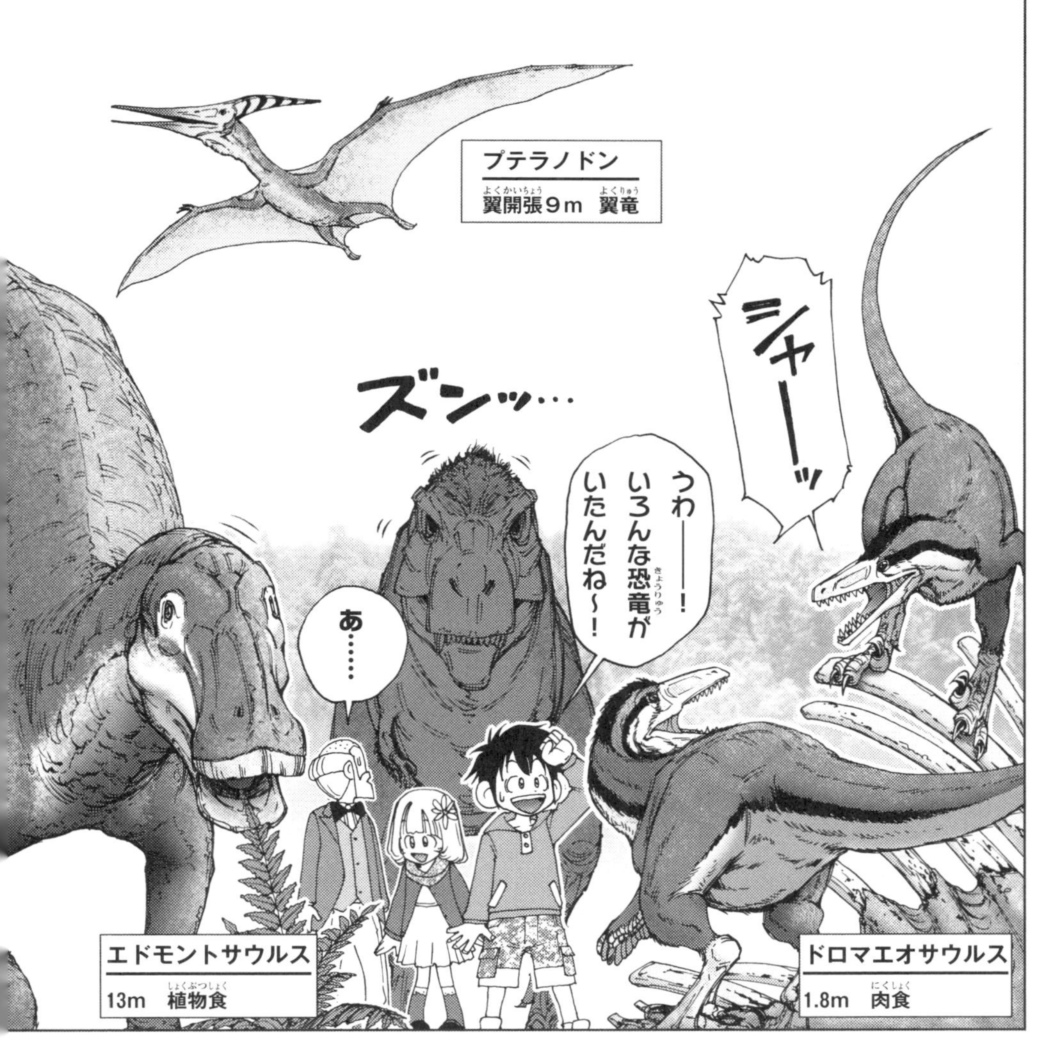
プテラノドン
翼開張9m　翼竜
シャーーッ
ズンッ…
うわーーー！
いろんな恐竜がいたんだね～！
あ……
エドモントサウルス
13m　植物食
ドロマエオサウルス
1.8m　肉食

その恐竜世界の王者がついにやってきたぞ…！
え…!?

ズ

ア゛アア!!
ティラノサウルスだ———!!!

ゴガァ
全長13m！体重6t！
頭だけで1.5mもあるんだぞ！
大迫力!!
まさに恐竜の王者だね!!

ちょっと待った!
おや なにか?

たしかにすごい迫力なんですが……
ズシン
このティラノサウルスなんだかおかしくないですか?
え…?

サワ
サワ
わたしがいうのもなんですがね全身毛だらけじゃないですか!
前あしに翼もありますし……

ウロコも羽毛もおなじケラチンという物質からできています。羽毛はウロコから進化したという説もあります。

それがこちら！2012年中国で見つかった化石だ
どれどれ!?

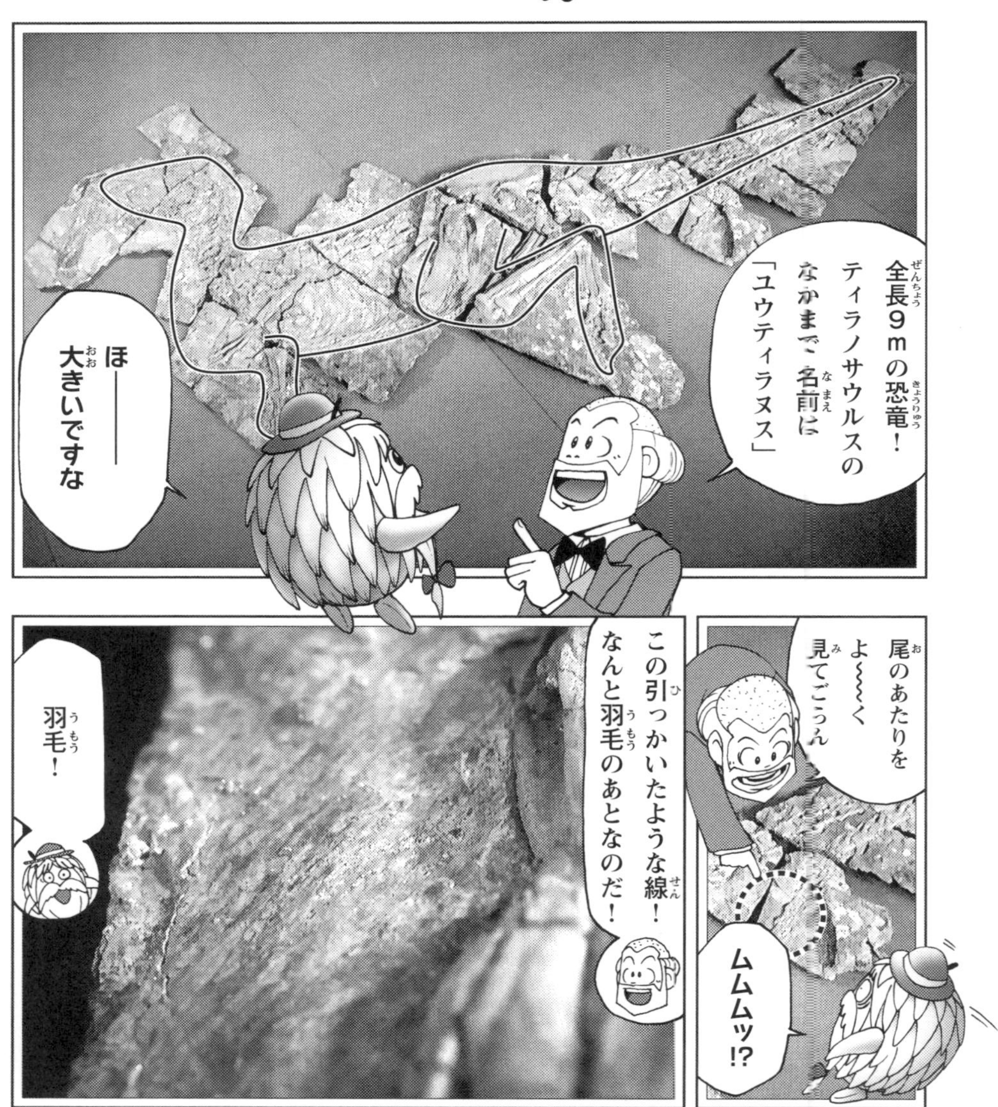
全長9mの恐竜！ティラノサウルスのなかまで名前は「ユウティラヌス」
ほ――――大きいですな
尾のあたりをよ〜〜く見てごらん
ムムムッ!?
この引っかいたような線！なんと羽毛のあとなのだ！
羽毛！

はじめて見つかった羽毛恐竜は、小型獣脚類のシノサウロプテリクスです。ティラノサウルスの祖先のなかま、ディロングにも羽毛の証拠が見つかっています。

羽毛恐竜は、自分でエネルギー（熱）を生みだすことができる、内温性の動物だと考えられています。

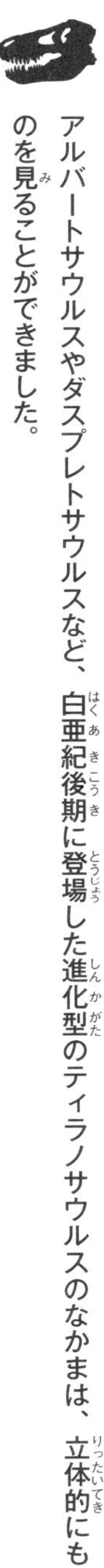

アルバートサウルスやダスプレトサウルスなど、白亜紀後期に登場した進化型のティラノサウルスのなかまは、立体的にものを見ることができました。

教えて！ダーウィン！

超肉食恐竜のあごの力

ティラノサウルスは、肉食恐竜を超える、超肉食恐竜といわれています。大きさだけをくらべれば、ギガノトサウルスやティラノティタンなど、ティラノサウルスよりも大きかったとされている肉食恐竜もいます。しかし、ティラノサウルスには、ほかの肉食恐竜を超える能力がありました。そのひとつが、強力なあごの力です。ティラノサウルスの噛む力を、実験で検証してみました。

ワニの噛む力から推測する

フロリダ州立大学の古生物学者、グレッグ・エリクソン博士は、現生のワニと比較することで、ティラノサウルスの噛む力を推測しました。ワニは、現在生きている動物のなかで、頭部の構造がティラノサウルスにもっとも近いと考えられています。

ワニの口に小型の圧力計を入れ、噛む力を測定したところ、計測結果は1t以上をしめしました。その結果をもとに、ティラノサウルスの噛む力をシミュレーションしたところ、なんと8tにも達した可能性がありました。

8tの力を実験で再現

8tの噛む力とは、どれくらいなのでしょうか？

金沢工業大学の佐藤隆一博士の監修のもと、金属製の歯の模型で8tの力を再現してみました。すると、写真のように、厚さ10cm近いの木の板は、木っ端みじんになってしまいました。1.2mmの鉄板も、かんたんに穴があいてしまいました。さらには、自動車のドアも試してみたところ、爆音とともにつらぬかれてしまいました。このように、強力なあごの力をもっていたティラノサウルスは、えものを骨ごと噛みくだいて食べていたと考えられています。

金属製の歯の模型で、10cmの木の板を噛む

粉々になった木の板

さわ
さわ
恐竜の王者
ティラノサウルス！
その狩りを
見てみよう！
さわ
さわ
夜の森って
不気味ですな

あっ！
トリケラ
トプス！
ザク
ガサ
ガサ
ホントだ！
なにしてる
のかな？

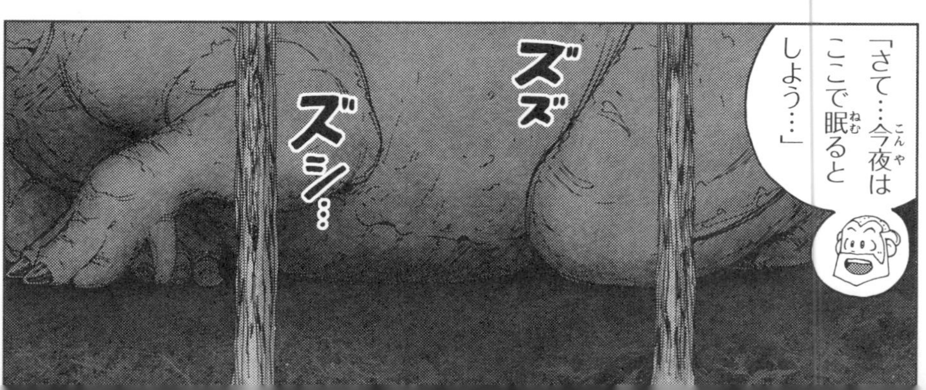
「さて…今夜は
ここで眠ると
しよう…」
ズズ
ズシ…

「この木陰なら敵に見つかることもあるまい……」
てなところかな！
フルル…
ほとんどの恐竜は夜は こうして眠りにつくのだよ
ちかくで見るとでっかいな!!

!?
パキ…

どうした？
むこうになにかが…

!!
ズシ…

ティラノサウルスだ!
夜なのに寝ないの?
羽毛のおかげで体温を保てるから気温が下がる夜でも活動できるのだ…!

ムッ
くるっ

見つけた!

フルルル…
トリケラトプスは眠ったままだ
なんて無防備な…！

ヒッ
ブワッ

ちょちょ……
ちょっと
待った…!!
なにかね
ヒゲじい!?
こんなときに!

おかしいでしょ!?
どうしてティラノ
サウルスは
この暗闇で
まよわなかったの
ですか?
これは失礼!
説明するのを
忘れていたな!

じつはティラノ
サウルスには
もうひとつ
恐竜の王者たる
力がそなわって
いたのだ!
ちょっと
頭のなかを
のぞいて
みよう!

これがティラノサウルスの脳ですか！
脳
嗅球
ウム この「嗅球」というにおいを感知する部分が恐竜のなかでもっとも発達していたのだ！
つまり鼻が利くってことですか？
そのとおり！恐竜界No.1のあごの力と嗅覚まさに肉食を超えた**超肉食恐竜**だったのだ！
超
その鼻でえものを見つけたあとは…
ガブッ

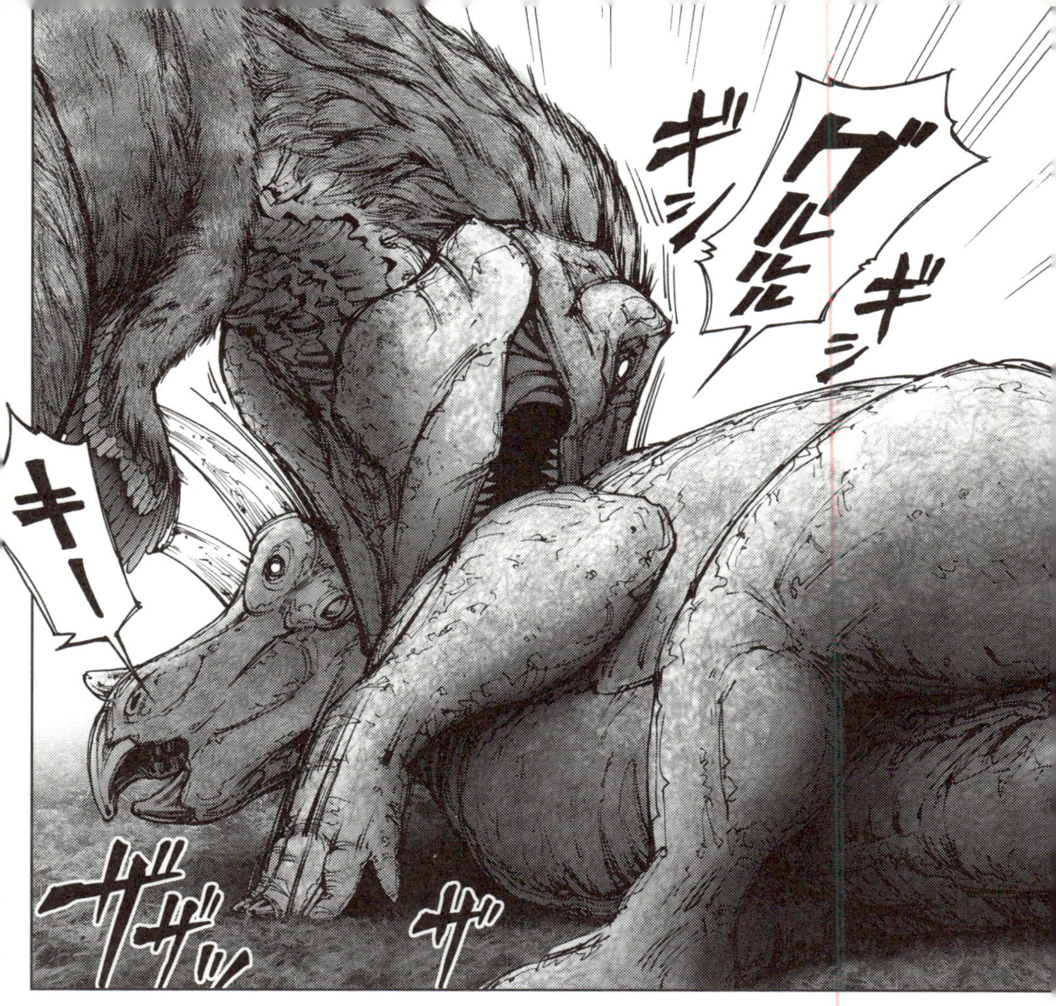
ギシ
ギシ
グルルル
キー
ザザッ
ザ

ピギー
8tの噛む力でしとめる!
寝こみをおそわれたえものに なす術はなかっただろう…
まさに奇襲だね
ヒエ〜〜〜……

まてよ！鼻が利くってことは昼間でもかくれてる恐竜をさがせるってことか！
そうなんだ！

「えものをさがす能力」
「しとめる能力」

そのふたつが恐竜のなかでもダントツなのだ！
ガッ
ガッ
無敵だね
逃げ場がないね
いや〜〜〜おそろしい……あんなのが いたんじゃ そりゃ ほ乳類は大型化できませんわな

つぎは その昼間へ移動だ！ちがう方法の狩りを 見にいくぞ！
おー!!

だが その前に この白亜紀の世界について解説して おこう

教えて！ダーウィン！

白亜紀の世界

［白亜紀］
1億4500万年前〜6600万年前

鳥類

イクチオルニス

24cm● 「魚の鳥」という意味の名前です。化石から、白亜紀の鳥には、まだ歯がのこっていたことがわかりました。

白亜紀になると、超大陸パンゲアは分裂をつづけ、いくつもの大陸に分かれました。それぞれの大陸で、恐竜たちは独自の進化をして、たくさんの種類の恐竜があらわれました。植物食恐竜としては、イグアノドンやハドロサウルスのなかまが繁栄し、それを狩る肉食恐竜として、アルバートサウルスやティラノサウルスが登場しました。

海では、魚竜が絶滅したあと、入れかわるようにモササウルスのなかまがあらわれました。

空には、プテラノドンのような大型の翼竜もいましたが、翼竜よりもたくさんの鳥が飛んでいました。

海のは虫類

モササウルス

12〜18m● トカゲのなかまから海に進出した、は虫類です。ヘビのように大きく口を開くことができ、えものを丸のみにしていました。

大陸が分かれたことでさまざまな恐竜が進化したんだ

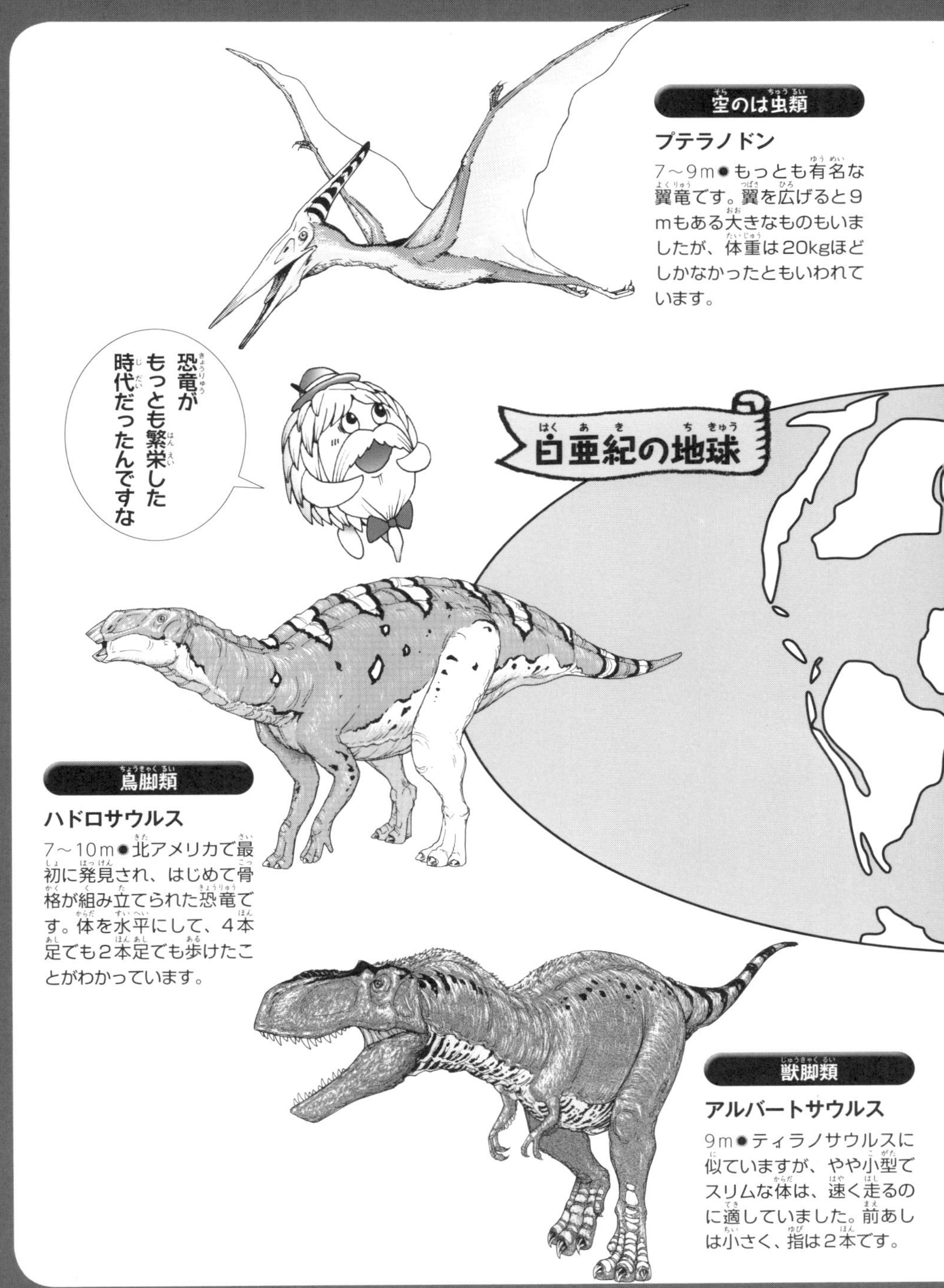

空のは虫類

プテラノドン

7～9m●もっとも有名な翼竜です。翼を広げると9mもある大きなものもいましたが、体重は20kgほどしかなかったともいわれています。

鳥脚類

ハドロサウルス

7～10m●北アメリカで最初に発見され、はじめて骨格が組み立てられた恐竜です。体を水平にして、4本足でも2本足でも歩けたことがわかっています。

獣脚類

アルバートサウルス

9m●ティラノサウルスに似ていますが、やや小型でスリムな体は、速く走るのに適していました。前あしは小さく、指は2本です。

うわ―――!!
ティラノサウルスの
群れだ!!
すごい光景
ですな!!

世界中で
ティラノサウルスの
なかまの集団化石が
見つかっている!
よって
ティラノサウルスも
このように群れで
生きていたと
考えられるのだ!

ティラノサウルスは群れでくらしていたのか？

教えて！ダーウィン！

超肉食恐竜のティラノサウルスは、ライオンのように、群れでくらしていたのでしょうか？　それとも、トラのように、単独で行動していたのでしょうか？　その謎にせまる化石が発見されました。

カナダのバッドランドとよばれる荒野で、アルバートサウルスの集団化石が発見されました。アルバートサウルスは、大きさが9mにもなる、ティラノサウルスのなかまです。８頭以上の、子どもから大人まで、さまざまな年齢のアルバートサウルスの化石がまとまって見つかったのです。

また、おなじくカナダの白亜紀後期の地層からは、ティラノサウルスのなかまが３頭、おそらくいっしょに歩いていた足跡の化石が発見されています。この足跡の持ち主は、アルバートサウルスかゴルゴサウルス、あるいはダスプレトサウルスではないかと考えられています。いずれも、ティラノサウルスのなかまです。

中国で見つかった羽毛を生やしたティラノサウルスのなかま、ユウティラヌスも、3頭がいっしょに見つかっています。

これらのことから、ティラノサウルスのなかまのなかには、群れで行動していた種もいたと考えられています。おなじように超肉食恐竜ティラノサウルス（ティラノサウルス・レックス）も、群れで行動し、狩りをしていたのかもしれません。

どうして群れをつくるの？1頭だけでも強いのに
そのほうが狩りの成功率があがるからと考えられるのだ

例をあげようライオンの狩りを知っているかな？
あるものは追いたてる
あるものは待ちぶせる

役割をこまかく分担することで狩りの成功率を高めているのだ
待ちぶせ役
追いたて役
これじゃ逃げようがないね
ティラノサウルスもなかまと協力して狩りをしていたと考えられるのだよ！
ウーーム さすがは超肉食恐竜…

はい！
はーい！
役割分担って…
どうして
そこまで
わかるん
ですか!?

はい
その根拠が
こちら！
21世紀になって
初めて見つかった
ティラノサウルスの
子どもの化石だ
ほ――

じつは大人と
ちがう特ちょうが
あるのだが
わかるかな？
えなに？
う〜〜ん
内臓や筋肉が
ないんだ!!
これは
「骨格」だよ!!

では肉をつけて見てみようどうかな？
大きさを合わせて重ねてみると…
あ……！子どものほうが頭が小さくて細身ですな!!
ぜんぜんちがうね！
そのとおり！子どもは体が細くて軽いから足が速かったと考えられるのだ
クアアア

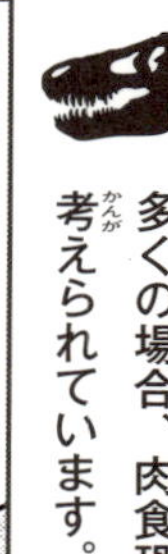

多くの場合、肉食恐竜のほうが、植物食恐竜よりも体のなかで脳の割合が大きく、戦略的に狩りをおこなうことができたと考えられています。

若いティラノがなにかに気づいたぞ！
ザザッ
ザッ

いよいよ狩りにいくようだ追ってみよう!!
ザザ
ザザ
えものなんてどこにいるの!?

森の奥のえものをかぎつけたのだ！
さすが恐竜界No.1の嗅覚だね！
スンスン

ガサ
ガサ
むっ……

フルル…

トリケラ
トプスだ…！
バリ
バリ

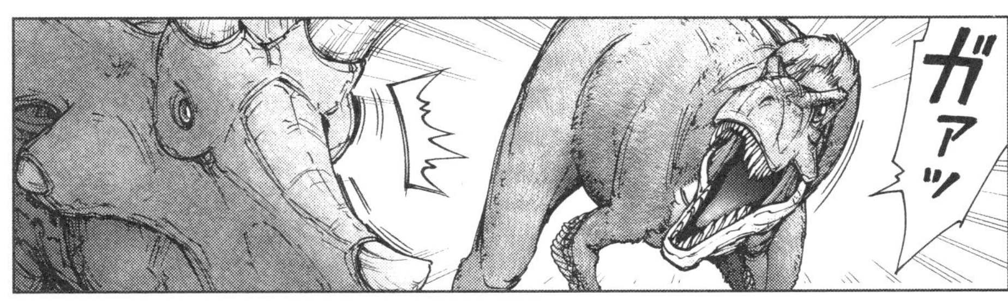
ガアッ

ガァアァ
ガァァアァ
バルル…

グアアッ!!
ドドドドッ
ガアアアア
逃げた!
よし
追うぞ!

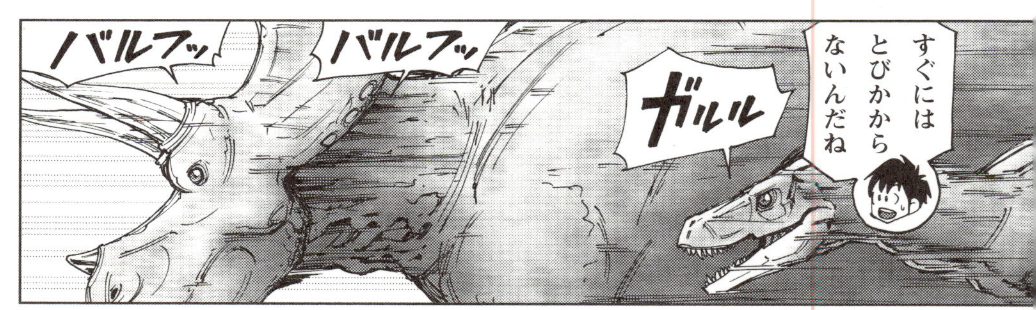
すぐには
とびかから
ないんだね
バルフッ
バルフッ
ガルル

ザ
ウム!
自慢の俊足で
追いたてて
いるのだ!
ザザ
ハー
ハー

森を抜けるぞ!!
ガァッ
ドドドッ
ドドドド
ハーー
ヒーー

!?
ザザ
ザザ
ザザ

ゴルルルルル…
ゴガァア!!
大人たちだ!!

そう! 若者たちは 群れが待ちかまえる 場所に えものを 誘導したのだ!!
クアアー!!
ハー
ハー
えらい こっちゃ～!
ハー

完全にかこまれましたな…！
バルル…
これが集団ならではの連携プレーなのだ！

絶体絶命だ…
食べられちゃうの？
グアア
バルフ…

トリケラトプスのフリルなどにティラノサウルスの嚙みあとが見つかっていることから両者が「食う 食われる」の関係にあったことはまちがいないのだ…
ガアァアア!!

しかしその
噛まれた傷が
治ったあとも
見つかっている
ゴガァ
ガルル…
おそわれても
生きのびたって
ことか!!

バルルルル
ザッ

それどころか
ティラノサウルスの
肋骨や あしの骨に
角でさされたと
思われる傷も
見つかって
いてな
バルブ…
ザッ
お……
身構え
ましたぞ…！
……と
いうことは…？
そう

トリケラトプスも
ただでは
やられないって
ことだ……！

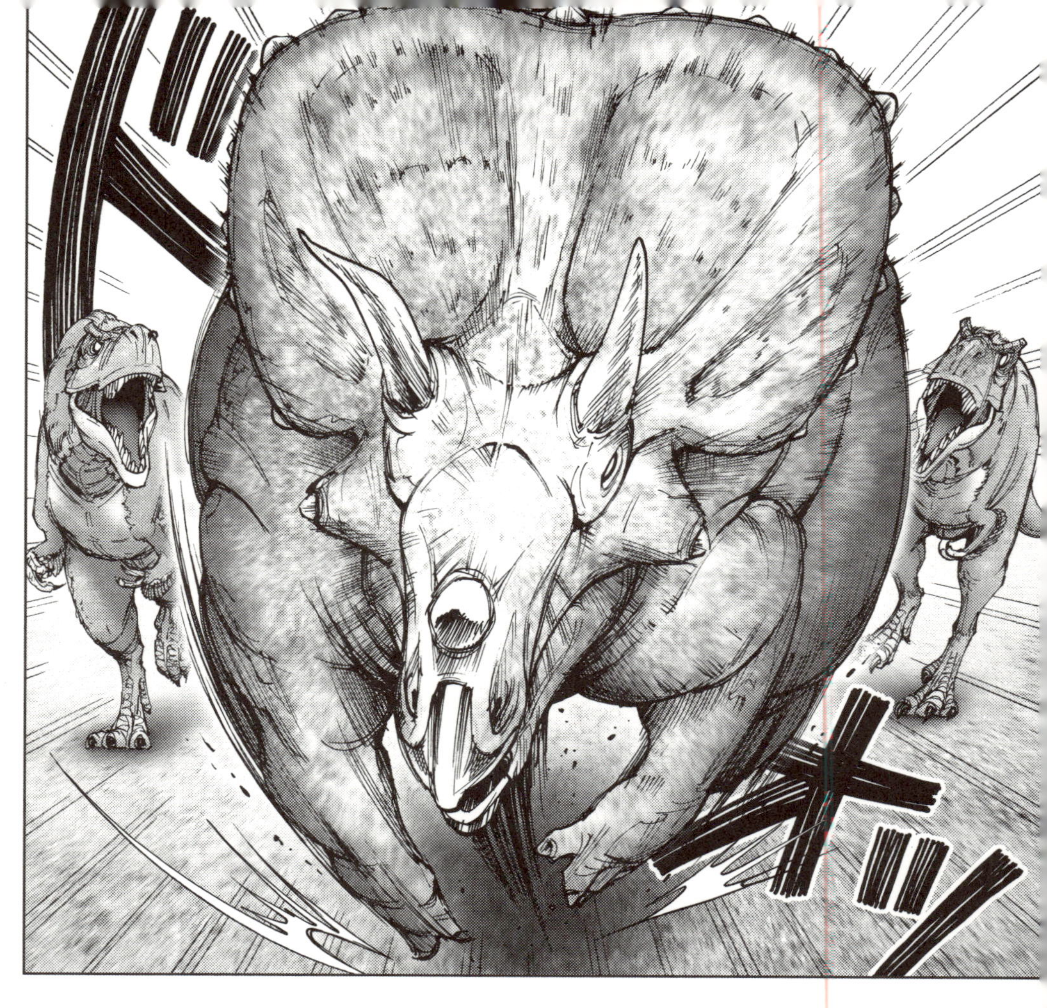
ドドド
ドッ

突進した!!
始まるぞ! すこし はなれていよう!!
ガァァ
ドドドド

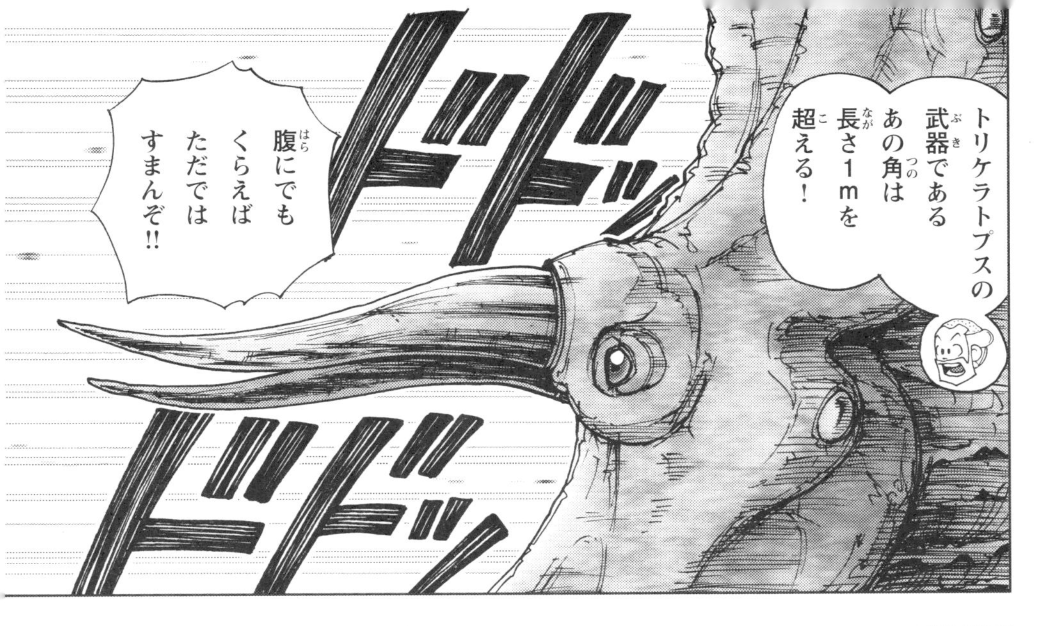
トリケラトプスの武器であるあの角は長さ1mを超える！
ドドドッ
腹にでもくらえばただではすまんぞ!!
ドドドッ

ザ
ンッ

バババッ

ザザザッ
バルフ
ガルルル…
ザッ
血がでた……
両者とも命がけなのだ！
ハラハラ

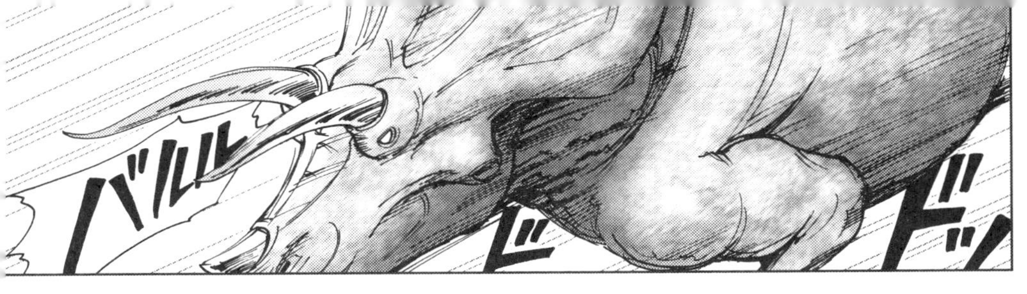
バルルル
ドドッ

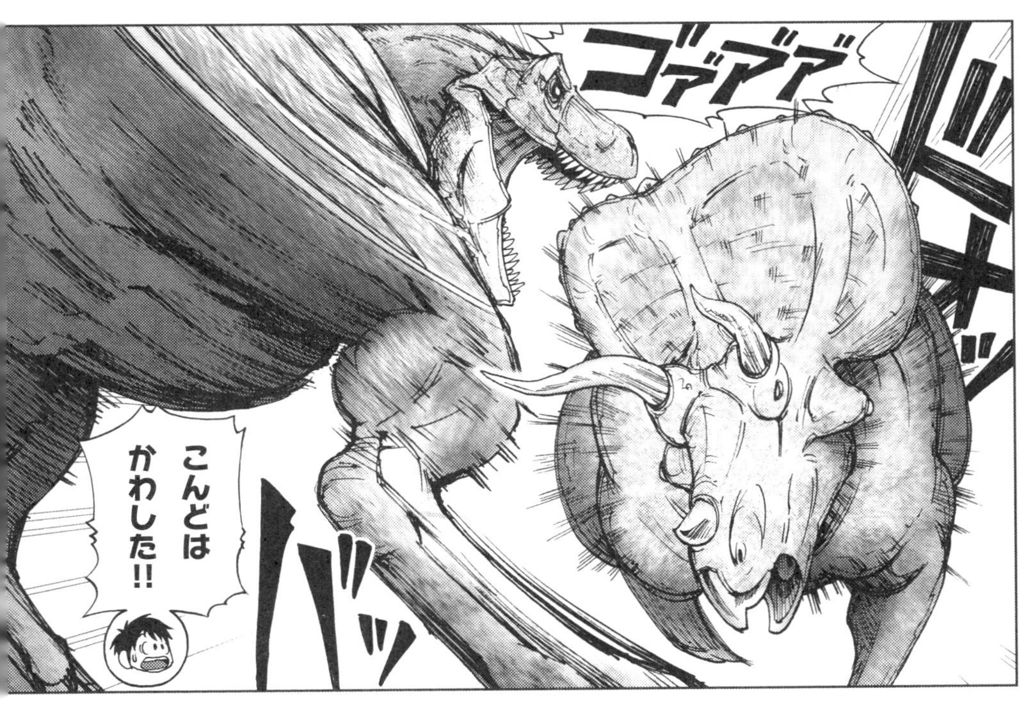
ゴアアア
ドドオッ
こんどはかわした!!
バッ

ゴオオオ
やられる!!

ブゥ
ン
ザザッ
!
背後をとったと思ったのに……
トリケラトプスは前あしの甲が外側をむいていて足はあまり速くないが横に回転するのがとくいな構造だったのだ!

スキができたのは
ティラノサウルスの
ほうだぞ……!!

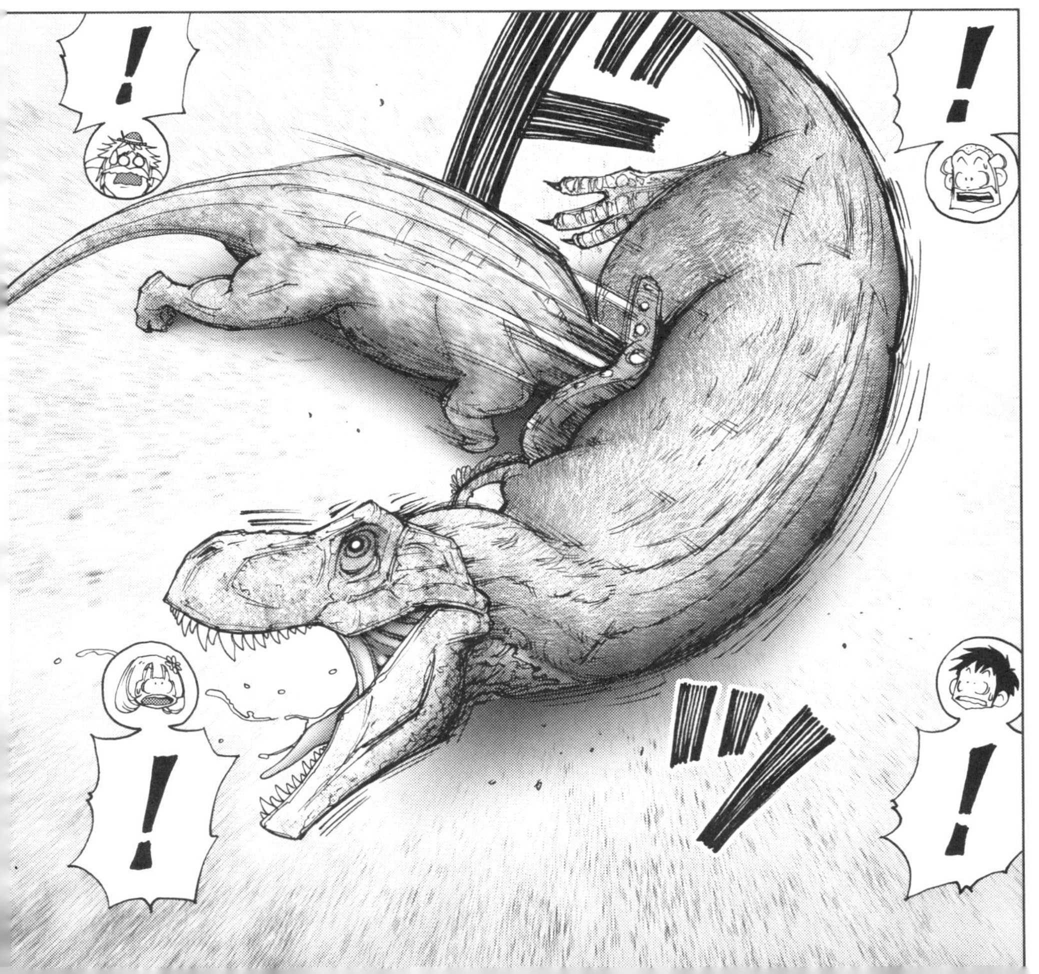
!
!
!
!

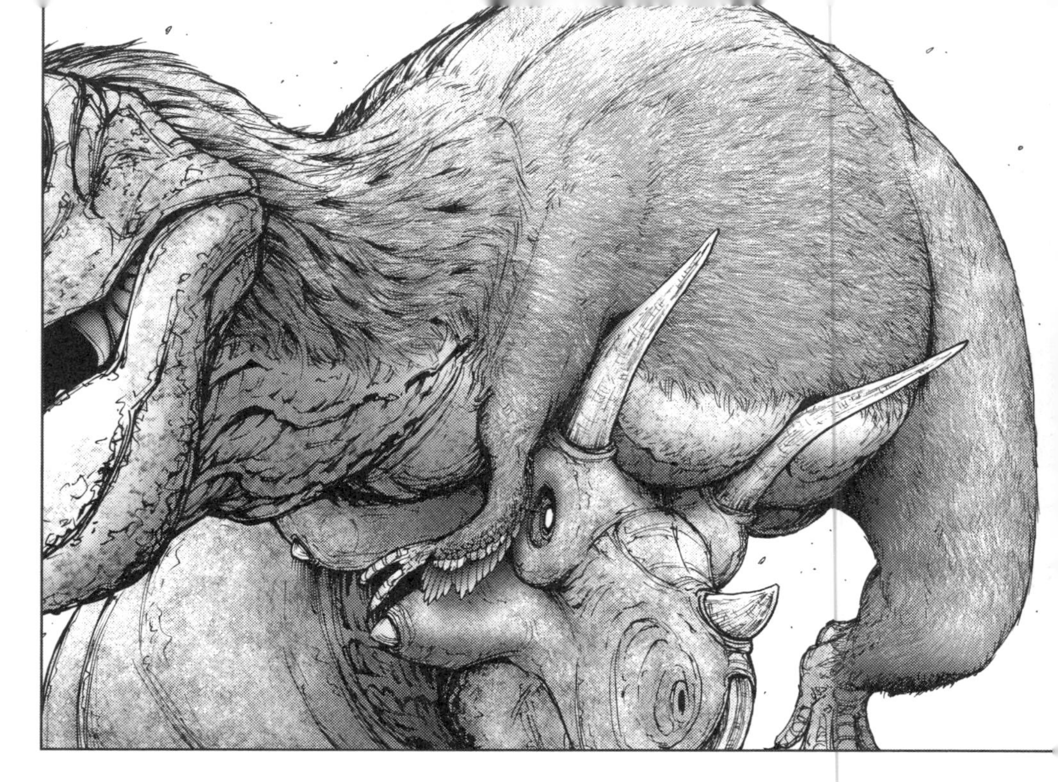

外した……!!
間一髪ですな!!

ガッ

バッ

なんという
攻防……!!
どっちも
ひかないね!

ゴガァアァァ
ガァアァ

ゴガァアァアァガァアァアァアァ

ひゃあ
2頭いっぺんに来た!!

!!

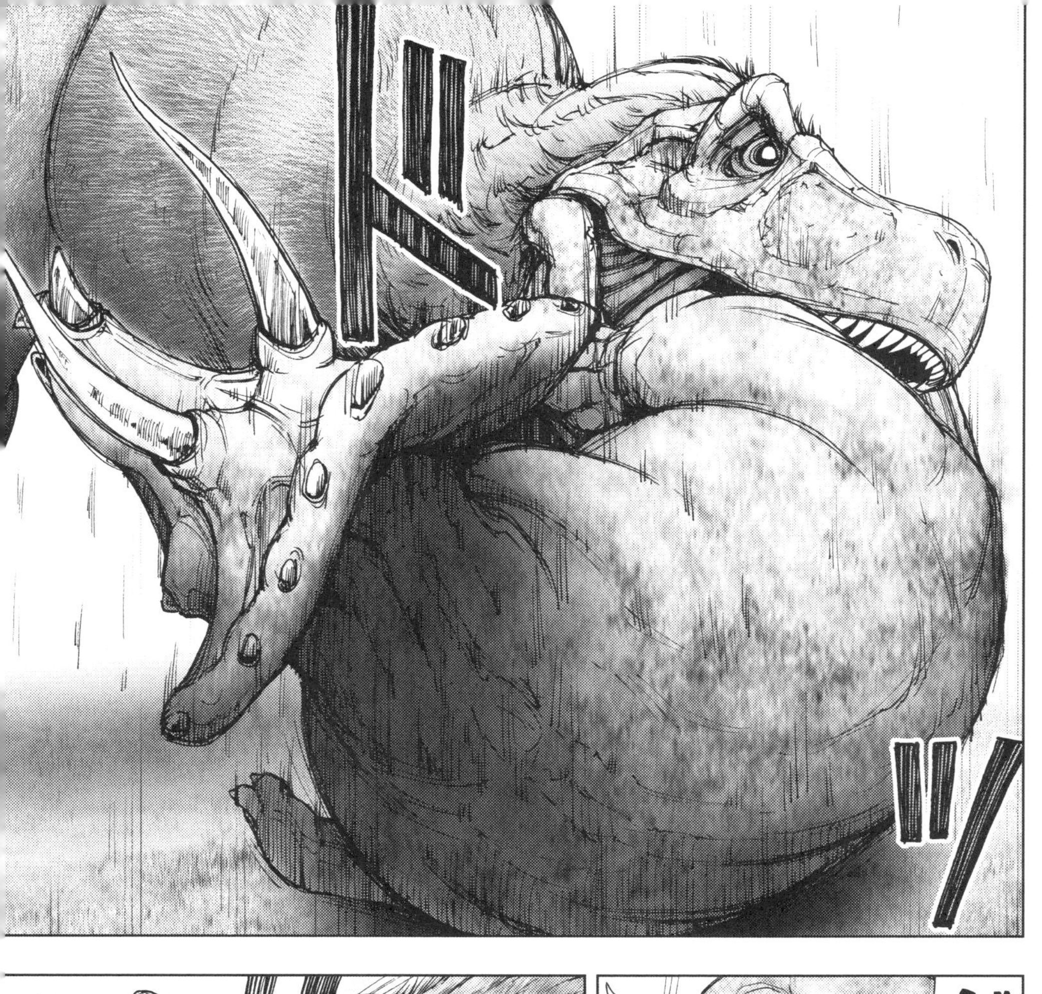
ドッ
ッ

バルル
ザッ

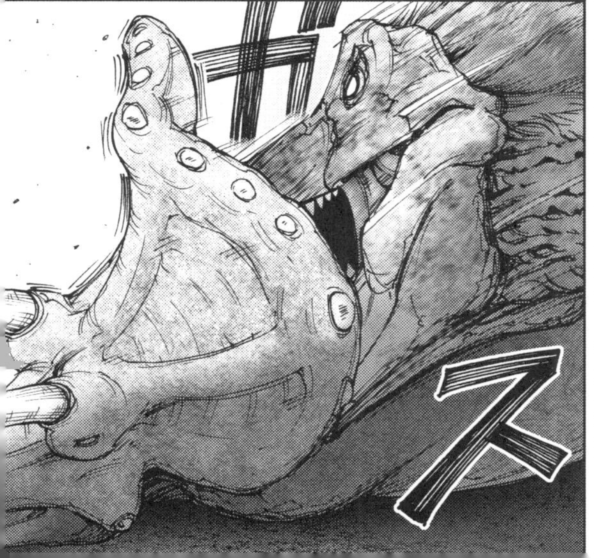
ガ
ス

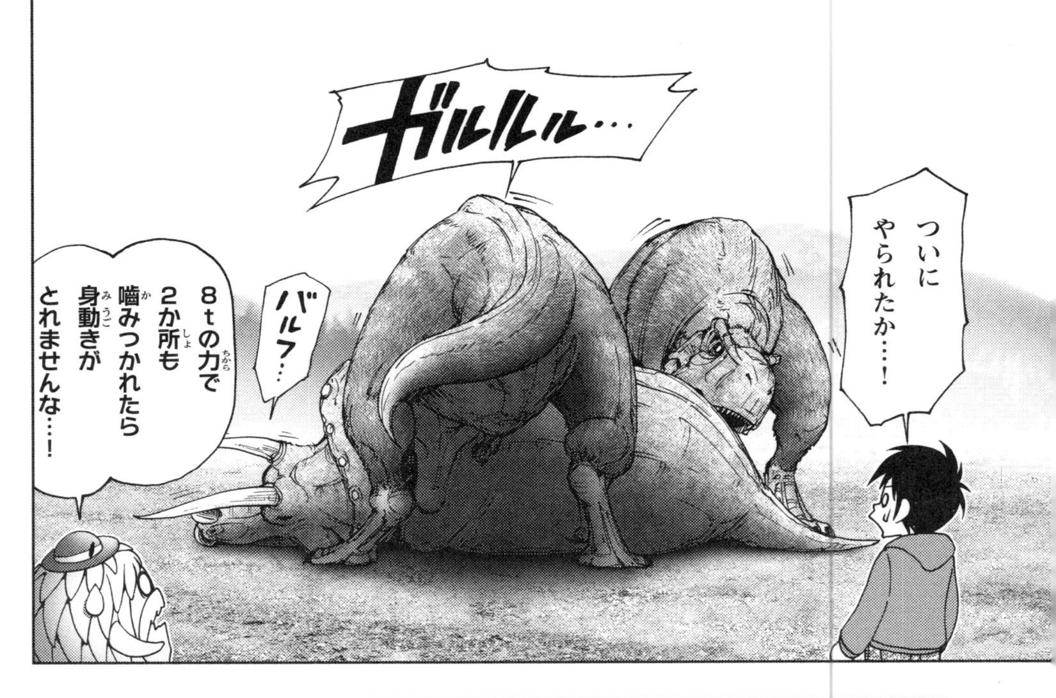
ガルルル…
ついにやられたか…!
バルフ…
8tの力で2か所も噛みつかれたら身動きがとれませんな…!

うしろから攻撃が来るとはね…!!
数の勝利ってやつですな
そのとおり!

このように集団で役割分担することでより確実な狩りをしていたと考えられるのだ
たしかに一対一ではしとめそこなったかもしれませんな

食べられちゃうの？
まあ……こうなってしまえばね…
あっ見て!!

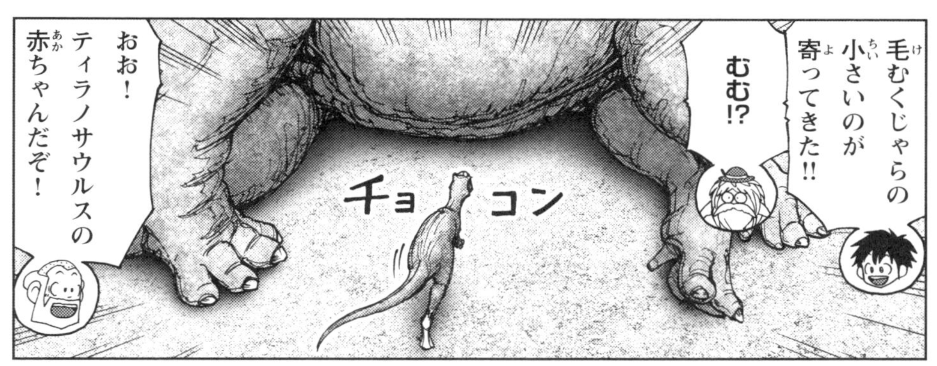
毛むくじゃらの小さいのが寄ってきた!!
むむ!?
チョコン
おお！ティラノサウルスの赤ちゃんだぞ！

まだ1mほどだ！群れでくらしていたということはこうして赤ちゃんにもえものをあたえていたと考えられるぞ！
キー
かわいいですなぁ

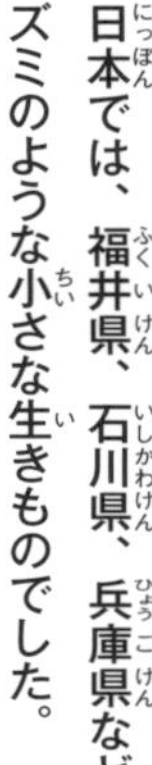

日本では、福井県、石川県、兵庫県などから小型ほ乳類の化石が見つかっています。いずれも、植物食もしくは雑食の、ネズミのような小さな生きものでした。

白亜紀のほ乳類のなかでも、レペノマムスは大きさ１ｍほどにもなり、恐竜の赤ちゃんをおそうこともあったと考えられています。

クルルルル・・・

空飛ぶ　は虫類
ケツァルコアトルス
だ!!
ねらわれ
てる!?
シャーーッ

ピー
ガッ
あぶない!!
ピーピー
ダッ
さっきとは逆に追われる側になりましたな!
食べられちゃうの?
そここだわるなぁ……
ピー
ゴルル…

ゴガァアアアア

大人のティラノサウルスだ!!
間一髪!

こうなると翼竜は分が悪いだろうな!
バサ
バサッ

キ
エエェ

あ 逃げた！
ゴガァァア
バササーーッ
まさに一蹴だね！

クエーッ
ゴガアアアアアア
いや〰〰！
白亜紀って
ダイナミックな
世界だったん
ですね！
なにもかも
スケールが
でっかいいね！

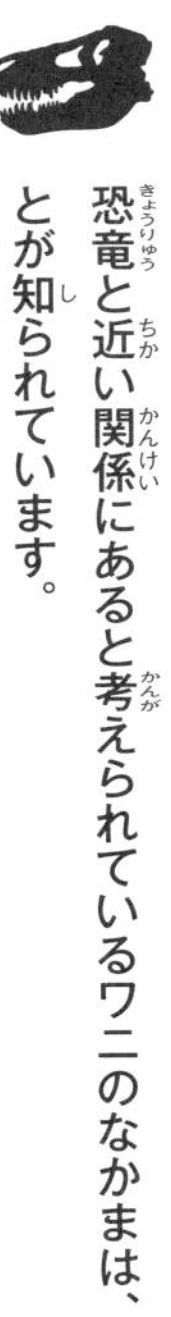

恐竜と近い関係にあると考えられているワニのなかまは、大人が卵のふ化を助けたり、赤ちゃんを敵からまもったりすることが知られています。

ティラノサウルスのひみつ

ティラノサウルス（暴君トカゲ）

恐竜時代の最後に栄えた、最大級の超肉食恐竜。体重は、6tにもなりました。

- ●獣脚類
- ●12～13m
- ●肉食
- ●白亜紀後期
- ●発見場所：カナダ、アメリカ

嗅覚

とてもすぐれていたため、夜でもえものの居場所をかぎつけることができたと考えられています。死肉のにおいをかぎつけて食べることもあったでしょう。

歯

歯茎からでている部分だけで14cmにも達していました。折れても何度でも生えかわりました。

前あし

小さく、指は2本。小さな翼があったと考えられています。

トリケラトプスの食べ方

トリケラトプスは、ティラノサウルスのえものでした。トリケラトプスの化石についた噛みあとから、つぎのようなステップで、トリケラトプスを食べたのではないかという研究があります。

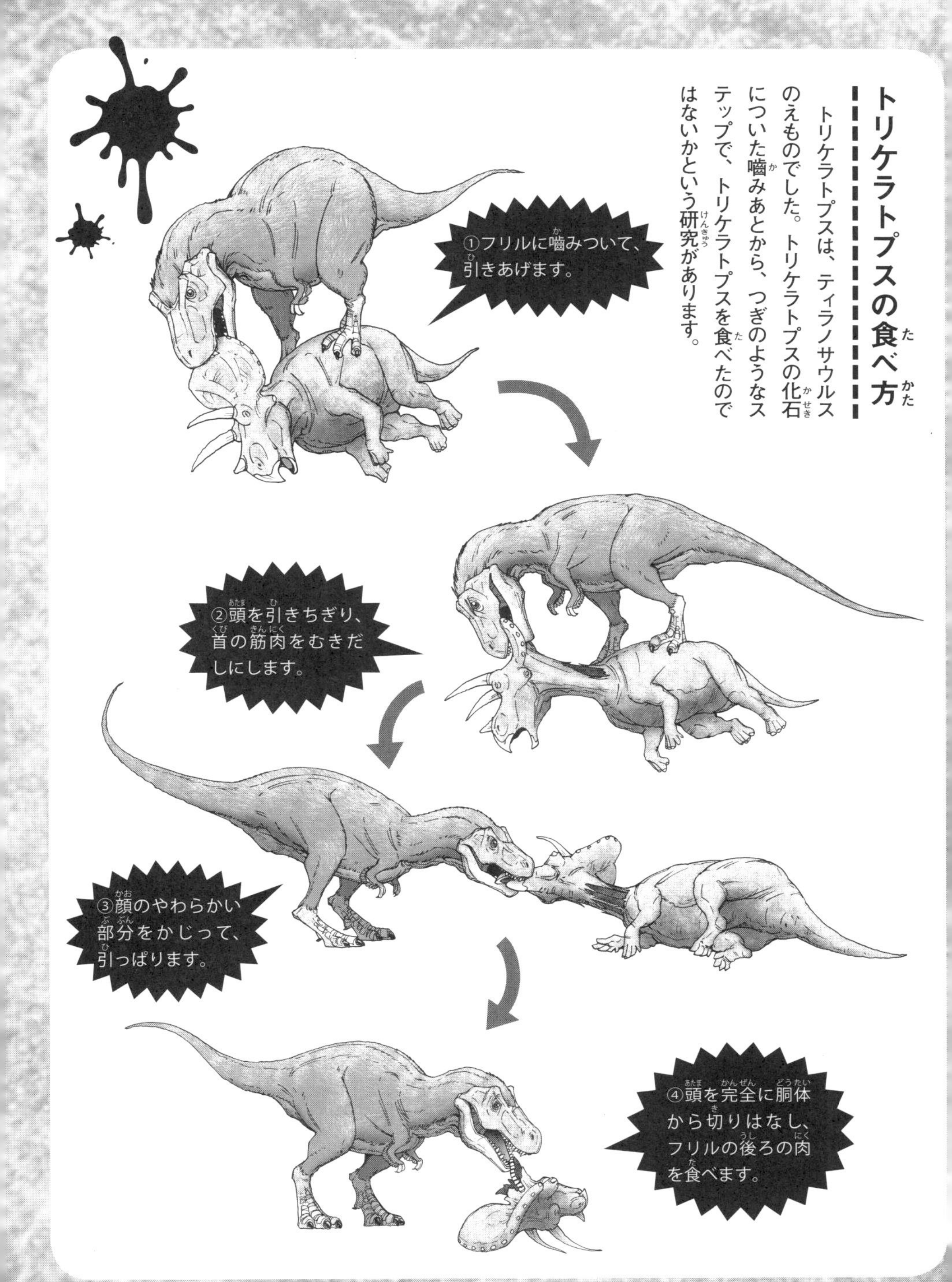

ついたぞ！
約1億3000万年前の
群馬県だ!!
これが
日本ですか！

いや いるよ
ほ乳類に
は虫類に……
ウフッ
冗談！
おお！
あれは!!

初めて見た！日本の巨大恐竜

スピノサウルスとは背中に帆がある史上最大級の肉食恐竜だぞ！
このなかまが日本にもいたのか！
スピノサウルス
18m 肉食
エジプト、モロッコで発見された恐竜
あれなにしてるの？
はて？

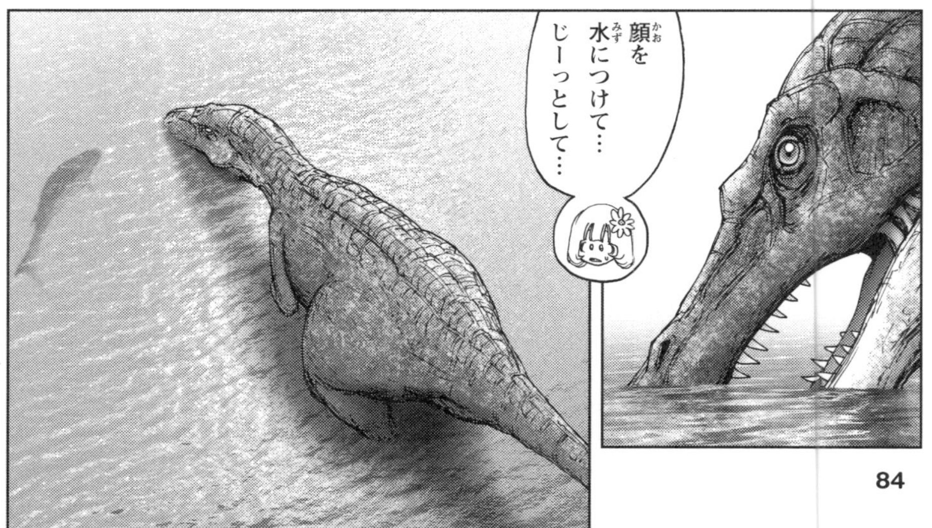
顔を水につけて…じーっとして…

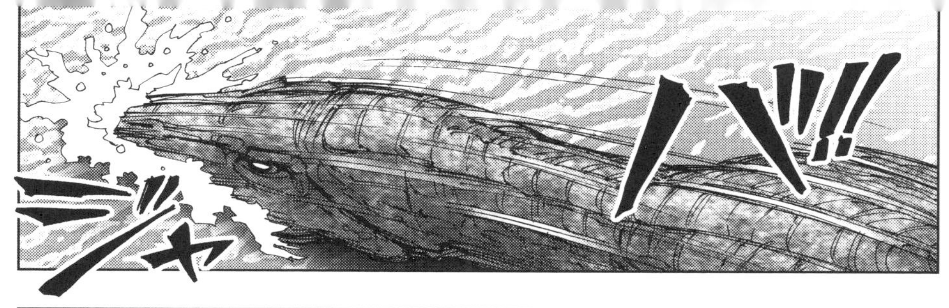
バッ!!
ジャ

おーーーっ!
魚をつかまえた!!
お見事!!
パチ
パチ
パチ
魚が主食なのだ!
スピノサウルスの上あごの先には水圧の変化を感じるセンサーがあるといわれているのだ
この小さな穴がセンサーになっていて、にごった水のなかでも、えものを感じとれると考えられている。
現代のワニとおなじしくみだ。
スピノサウルスの上あごの骨

教えて！ダーウィン！

少年たちが発見したスピノサウルス類の歯

国内で２つめのスピノサウルス類の歯は、一般参加の発掘体験会で、子どもたちの手によって見つけられました！

化石は歯の一部で、大きさ 1cm ほど。縦方向に筋がはいっているのが、スピノサウルス類の歯の特ちょう。

日本のスピノサウルス類の復元予想図。

発掘体験会

2015年4月に、群馬県神流町で、「化石発掘体験」がおこなわれました。神流町の発掘体験現場には、白亜紀前期にあたる1億3000万年前の地層がひろがっています。参加者は、ここで発掘をおこない、見つけた化石を持って帰ることができます。

貝や植物の化石が見つかることがほとんどですが、長野県から参加した金井大成くん、寛仁くんの兄弟は、すこしかわった化石を見つけました。

「ちょっと、なにかちがうな？」

と、感じた金井兄弟は、その化石の正体を教えてもらおうと、「神流町恐竜センター」の久保田克博さんに手渡しました。久保田さんは、すぐに大発見の可能性を感じたそうです。

じつは1994年に、おなじ神流町で、国内1例めとなるスピノサウルス類の歯が発見されていたのです。今回発掘された地層は、場所こそちがうものの、おなじ時代の地層でした。

1年近い鑑定の結果、金井兄弟が発見した化石は、国内2例めとなる貴重なスピノサウルス類の歯だと判明しました。

神流町恐竜センター「化石発掘体験」のようす。

つづいての舞台は
1億1000万年前の
兵庫県だ!!
やや!
さっそく なにか
いますぞ!
あれは角竜のなかま!
なんと あの
トリケラトプスの
祖先にあたる
恐竜だぞ!
この
小さいのが!?
角は まだ
ないんだね
原始的な角竜類
約1m

日本でも、ティラノサウルスのなかまの化石が見つかっています。長崎県からは、大型のティラノサウルス類の歯が見つかりました。

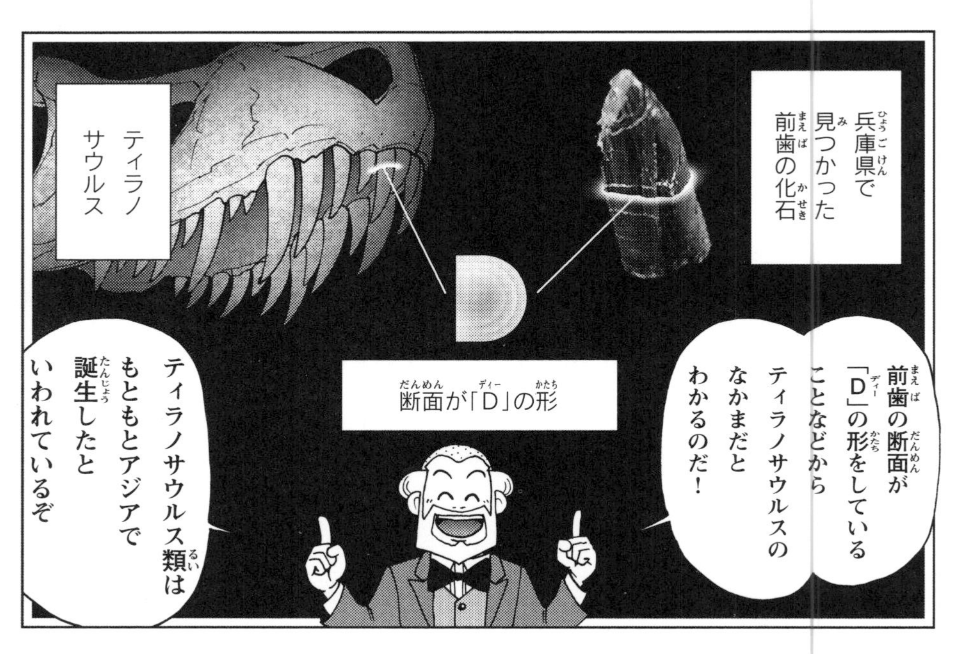
兵庫県で
見つかった
前歯の化石
ティラノ
サウルス
断面が「D」の形
前歯の断面が「D」の形をしていることなどからティラノサウルスのなかまだとわかるのだ！
ティラノサウルス類はもともとアジアで誕生したといわれているぞ

恐竜界２大スターのバトルがここでも見られるとはね！
ティラノ
サウルス
トリケラ
トプス
両者がならび立つのはここから約４０００万年後の北アメリカだけどな
キー

このように
当時の日本は
恐竜王国
だったのだ！
グルル…
ティラノサウルスは
ここでも王者
だったんですな
いや
そうでは
ないんだ
？
この地での
王者は
そのうしろの
方々……
ズシン
え？

ズ
ギョ
ー

日本史上最大級!!
全長15ｍの植物食恐竜
タンバティタニスだ!!!

ズシン
お……大きい!!
こんなすごいのが日本にいたのか!!!
グルル…

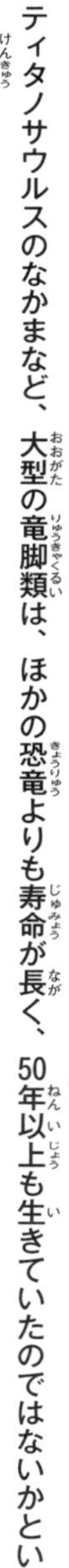

ティタノサウルスのなかまなど、大型の竜脚類は、ほかの恐竜よりも寿命が長く、50年以上も生きていたのではないかという研究もあります。

竜脚類の長い首は、上下や左右の広い範囲に動かすことができましたが、柔軟性はなく、大きく曲げることはできなかったと考えられています。

お行儀がよい子なのね！
まあ……上品でいいけどこれが「省エネ」だ！

巨体を動かすと大量のエネルギーをつかってしまうのだ

でも大きな体を維持するためには大量に食べなくてはならない
だからこそたくさん食べつつ移動は最小限におさえていたのだ
バリバリ
見事な省エネですな！

現代のゾウも鼻をつかって効率よく食事をしているが
タンバティタニスはさらに省エネだ！
食べかたを見てごらん

ブツブツ
ゴク
ゴクン
噛まずに飲みこんでますぞ!
そのとおり!!

ゾウは大きな奥歯で葉をすりつぶして食べるのだが
歯
ゾウ
タンバティタニスは細くて小さい歯がズラリとならんでいる
これによって葉をすきとって噛まずに丸のみしていたと考えられる
タンバティタニス
こうして「噛む時間」をも節約し効率よく大量の食事をしていたのだ!!
完ペキだね!
ゴクゴク
バリバリ

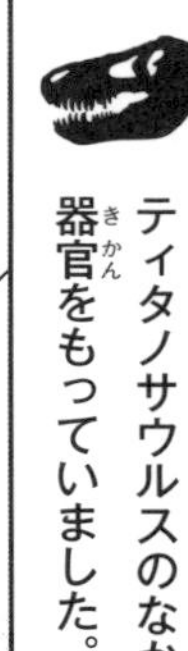

ティタノサウルスのなかまにかぎらず、アンキロサウルスやトリケラトプスなどの植物食恐竜も、長い腸など、大きな消化器官をもっていました。

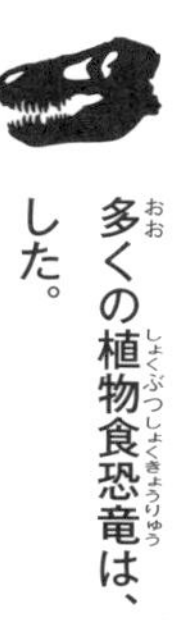

多くの植物食恐竜は、植物を消化するために、微生物の助けをかりたり、「胃石」という石で植物をすりつぶしたりしていました。

教えて！ダーウィン！

タンバティタニスの大発見！

兵庫県丹波市の川原で見つかった、すこしかわった色をした石――。それは、タンバティタニスと名づけられた、巨大恐竜の化石でした！

村上茂さん

三枝春生博士

発見時の化石のようす。（撮影：村上 茂）

発見のいきさつ

2006年、兵庫県丹波市を流れる篠山川の川原で、村上茂さんと足立洌さんが、かわった色をした石を見つけました。2人は、掘り出した石を、すぐに地元の「兵庫県立 人と自然の博物館」に持ち込みました。

「恐竜じゃないか!?」

と、興奮する2人に対し、主任研究員の三枝春生博士は、日本で恐竜の化石はそんなに見つからないと、期待はしていなかったそうです。

ところが、その石には、骨であることをしめす、スポンジのような網目になった構造がありました。それは、巨大な骨の化石だったのです。

「化石だ！　恐竜だ！　大発見だ！」

と、三枝博士は興奮して、すぐに村上さん、足立さんと発見現場にむかいました。発見場所の岩には、化石のつづきが見えていました。

本格的な発掘へ

試掘の結果、岩のなかに恐竜の本体が眠っていることがわかりました。地元のボランティアを中心に、のべ 2000 人以上を動員し、6 年かけて、篠山川一帯の地層を掘り起こしたところ、「脳かん」とよばれる頭の骨の一部をはじめ、歯、肋骨、背骨など、多くの骨が掘り出されました。

調査の結果、竜脚類の化石ということがわかり、篠山川で見つかった恐竜は、「丹波竜」の愛称でよばれるようになりました。2014 年には、新種として論文に記載され、正式な学名は「タンバティタニス・アミキティアエ」となりました。ティタニスは「女の巨人（女神）」という意味。アミキティアエはラテン語で「友情」という意味で、村上さんと足立さんの友情をあらわしています。

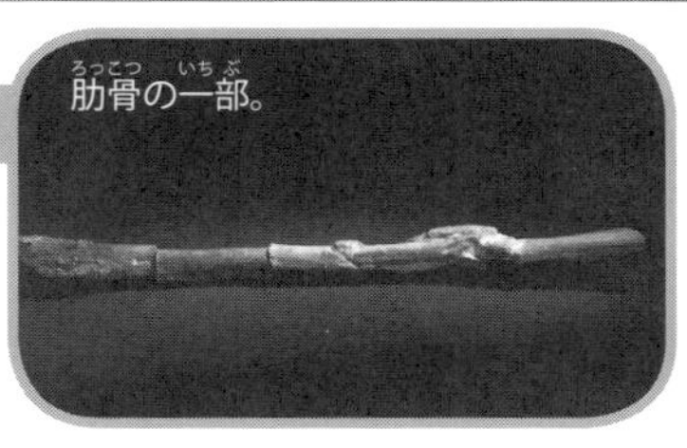
肋骨の一部。

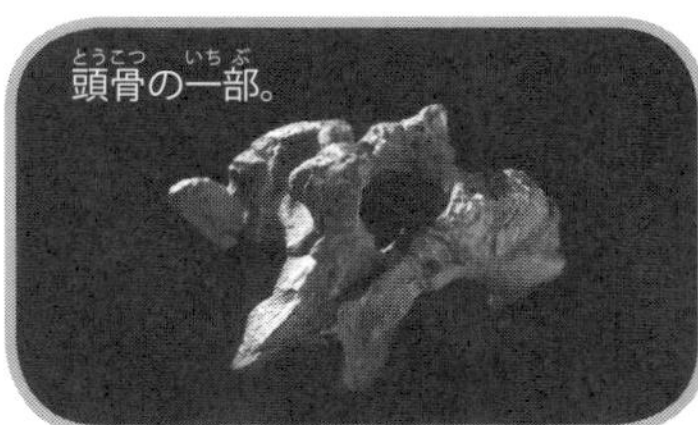
頭骨の一部。

尾の骨の一部。

タンバティタニスの復元骨格

竜脚類のなかまは、ひとつの巣に数十個の卵を産みましたが、巨体がじゃまをして、卵を温めることはできなかったと考えられています。

巨大恐竜の赤ちゃん

教えて！ダーウィン！

1997年、アルゼンチンで、大発見がありました。数千個もの卵の化石が発見されたのです。そのなかには、ふ化直前の、赤ちゃんの入った化石もありました。この卵は、直径15cmほどで、卵のなかの赤ちゃんは、30〜40cmほどの大きさでした。この卵の化石は、白亜紀の南アメリカで繁栄していた巨大恐竜、ティタノサウルスのなかまのものと考えられています。種によっては30mを超えることもある竜脚類も、赤ちゃんは小さく弱い存在だったのです。身を守るために、小さな赤ちゃんは数百頭の群れで行動していたのではないかと考えられています。

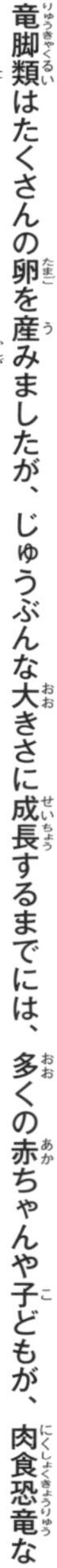
竜脚類はたくさんの卵を産みましたが、じゅうぶんな大きさに成長するまでには、多くの赤ちゃんや子どもが、肉食恐竜な
どに食べられてしまったと考えられています。

たくさん生まれたね
これが15mにまで育つんですな
すごい体格差だよね
ピー
ピー
ピー
ピー

うおう!!!

ピー
あっ!!
さっきのティラノサウルスのなかまだ!!

アルゼンチンで見つかった竜脚類の巣のひとつには、40個くらいの卵が産まれていました。

竜脚類の子どもも、大人の3分の1ほどの大きさまで成長すると、いっしょに行動できたという説もあります。

ちょっと お待ちなさい!!

こんなの かわいそう すぎますぞ！

親は どう しました!?

赤ちゃんは ほったらかし ですか!?

ピー

おちついて！ わけが あるのだ！

そのぶん 大量に 卵を産んで 子孫をのこして いたが 子どもは 自力で 生きるほか なかったのだ
いや しかし… う〜む
しかし ここからが すごいのだ!
なにが ですか?

この小さな体には 王者としての 圧倒的な成長力が 秘められて いたのだ!
どういう こと?

教えて！ダーウィン！

タンバティタニスの成長のひみつ

巨大な竜脚類だったタンバティタニスも、生まれたばかりの赤ちゃんは、大きさ30～40cmほどでした。肉食恐竜からえものとしてねらわれる、小さく弱い存在だったのでしょう。

では、この小さな赤ちゃんは、どのように15mを超えるほどの大きさまで成長したのでしょうか？　ドイツのボン大学の教授であるマーティン・サンダー博士は、竜脚類の骨の断面をくわしく分析し、成長のようすを調べたところ、ふつうの恐竜では見られる「成長線」が、竜脚類の子ども時代には存在しないことを発見しました。

成長線とは

骨の断面に見られる、年輪のような筋で、成長がおそくなったときにできるものです。毎年、線ができるので、「成長線」をかぞえることで、年齢が推定できます。ティラノサウルスなどでも、「成長線」がはっきりと確認できます。

ところが、竜脚類にかぎっては、この「成長線」が見られなかったことから、サンダー博士は、「竜脚類は子どものころ、成長の速度をゆるめることなく、急激に巨大化していたのではないか？　だから、成長がおそくなったときにできる成長線ができなかったのだろう」と考えています。

マーティン・サンダー博士。

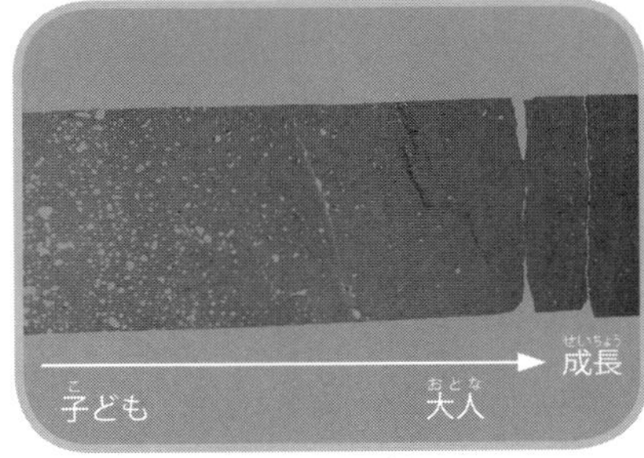

竜脚類の成長線（縦の筋）のようす。

急成長のひみつ

タンバティタニスなどの竜脚類は、なぜほかの恐竜たちよりも速いスピードで成長できたのでしょうか？　タンバティタニスの化石には、「脳かん」とよばれる頭の骨の一部がふくまれていました。「脳かん」をもとに、脳の形を推測したところ、ある特ちょうがうかびあがってきました。「脳下垂体」といわれる部分が、極端に大きかったのです。

「脳下垂体」は、成長ホルモンをだして、成長に深くかかわります。タンバティタニスの発掘と調査をおこなった、「兵庫県立 人と自然の博物館」の三枝博士は、「タンバティタニスは、成長ホルモンをひじょうに多くだしていた可能性があり、そのおかげで急激に成長でき、巨大化できたのではないか?」と考えています。

まだじゅうぶんな証拠は見つかっていませんが、ほかの竜脚類も、タンバティタニスとおなじように大きな「脳下垂体」があり、多くの成長ホルモンによって、急成長し巨大化できたのかもしれません。

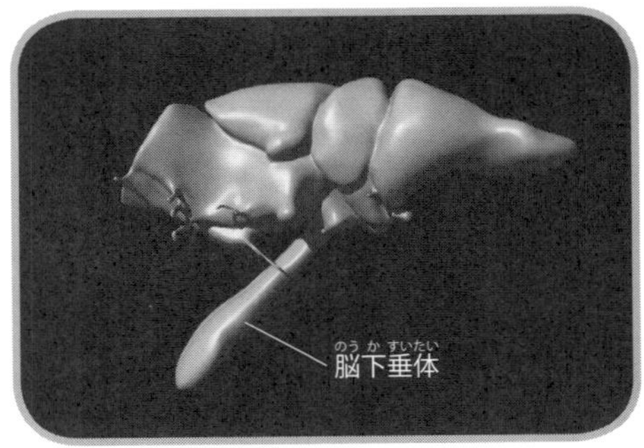

タンバティタニスの脳の CG。下にのびている部分が脳下垂体。（データ提供：兵庫県立 人と自然の博物館）

タンバティタニスの
赤ちゃんが生まれてから
数年後の世界を
見てみよう！
赤ちゃんは どこに
いきましたかな？

全滅してたら
どうしよう…
ありえなくも
ないぞ
そんな…！
人間でいうと
何歳くらいに
なってるの？

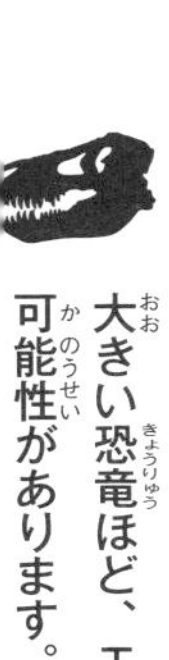

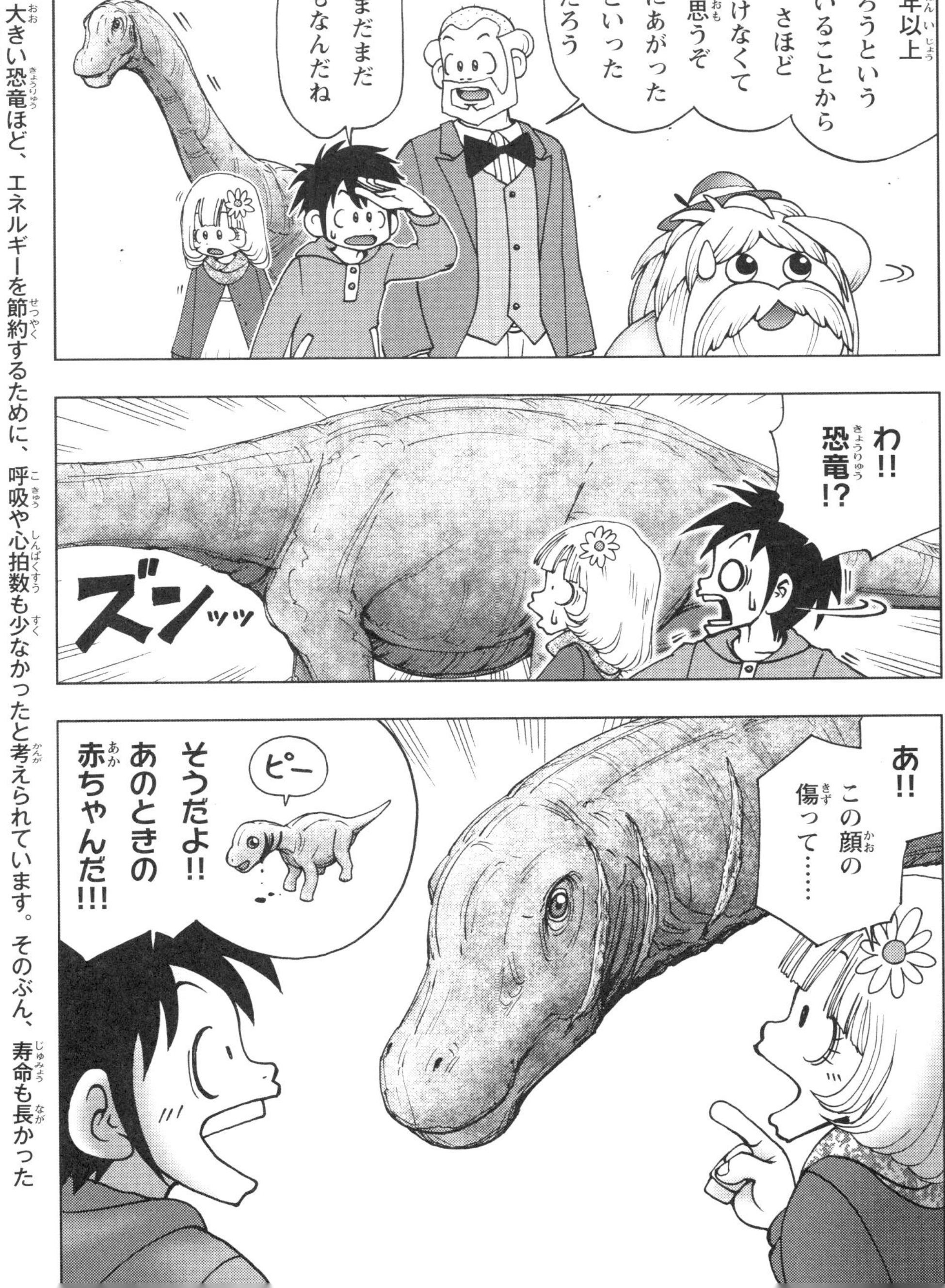

大きい恐竜ほど、エネルギーを節約するために、呼吸や心拍数も少なかったと考えられています。そのぶん、寿命も長かった可能性があります。

見ちがえましたな！
全長約5ｍ！驚異の成長スピードだな！

きょうだいはみなやられてしまいましたかな…？
よく生きのこったね～
苦労したんだろうね
ジ～ン
ゴクゴク
バリバリ

こんなに成長してたんだね！
もう ぼくよりはるかに大きいよ！

グルルルル…
あ……
ねえ……あれってまさか……
あ……あのときの肉食恐竜だ!!!

ガァァアア

食べられちゃうの?
そんな……! 必死で ここまで生きのびたのに!!
そうとも! 子どもをねらうなんてひきょうですぞ!!
いや いや……

クァァァ
まずい……ねらってるぞ!!
そんな…

大人には歯が立たないから……
ズーン
ガルル
そうですけど!でも……う〜〜〜む

シャアァ
肉食恐竜もこのチャンスをのがすわけにはいかないのだよ……!
ダッ

ガブッ
ピギー
つかまった…!!
いたそう……
ズザッ
グァアァアァ
ザザッ

こらえた！
また来るぞ!!
ガルルルルル
クルルルルル…

ガアアァアア
ブォオォオオオ
あぶない!!
この世界はきびしすぎる!!!

ド

ヒュン
ド

竜脚類は、長い尾をムチのようにつかって、敵を追いはらったと考えられています。

ここまで成長すると長い尾は立派な武器になったのだ
ブォオォオ
ブン
こんなに強くなっていたんですね

もうおそわれる心配はなさそうだね
大人のなかまいりですな
ズシン

ズシン
うん大人の…

大人のタンバティタニスたちだ!!!
ズシ

やっぱ大人はでかいな～!
こうしてくらべると子どもは まだまだ小さいんですな
うむ だが この子もじゅうぶん立派に成長しているぞ

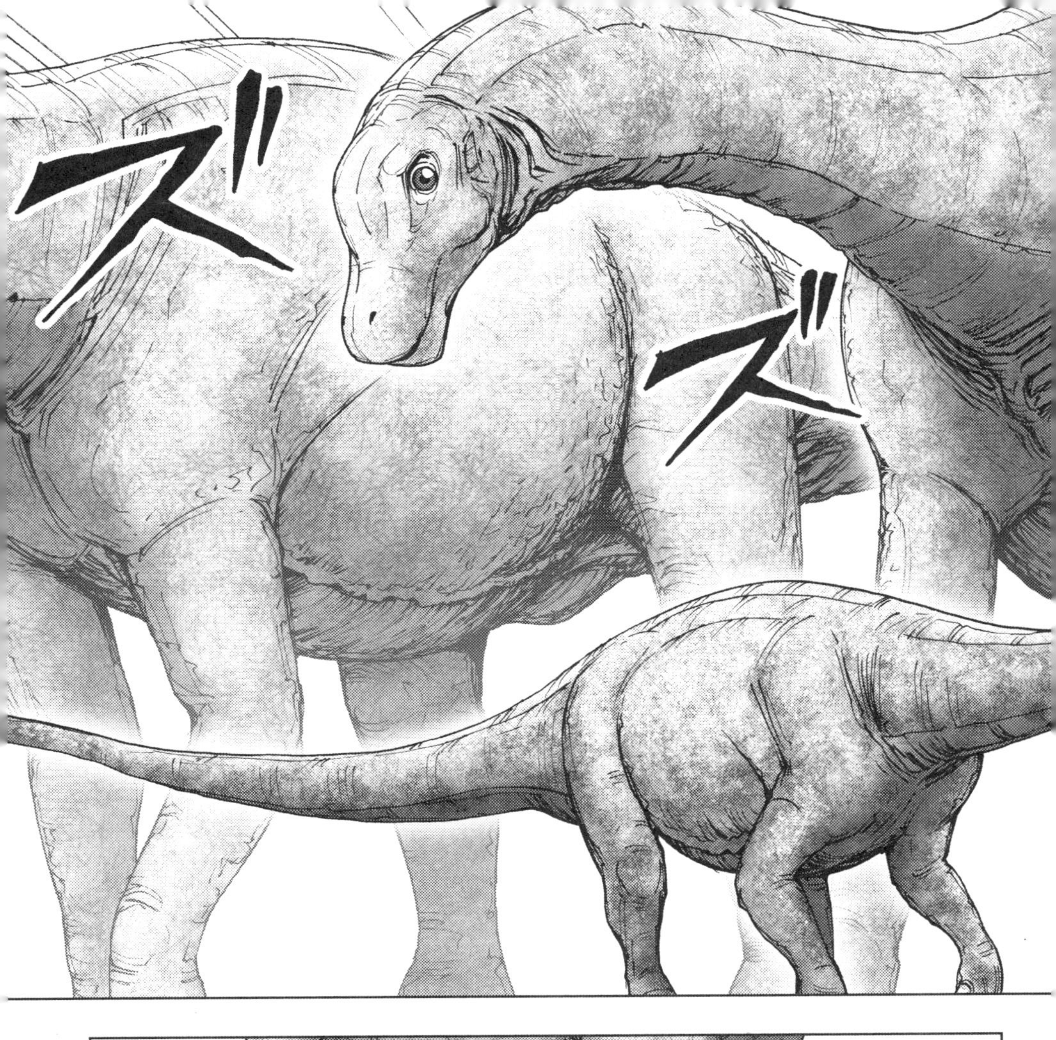
ズ
ズ

踏みつぶされる
心配もなければ
足手まといになる
おそれもない
からな
肉食恐竜も
ひとりで追い
はらったしね!

大人たちもこの子を受けいれたようだ！
ブォオオ
ブォオオ
ブォオオオオオオ
群れと合流できたぞ！孤独な旅は今日でおわったのだ!!
ホントの意味で大人のなかまいりだね！
がんばったね～！
お達者でー！

おわり

わたしたちの住む日本でも、恐竜たちによる大迫力のドラマがくり広げられていました。きっと、これからも大発見があるでしょう。見つけるのは、キミたちかもしれない――!!

もっと知りたい！タンバティタニスのひみつ

タンバティタニス（丹波の巨人＜女神＞）

2006年に発見されました。「丹波竜」という愛称でよばれていましたが、その後の調査によって、新種であることがわかりました。2014年に、新種として、論文に記載されました。

- ●竜脚類
- ●12～15ｍ
- ●植物食
- ●白亜紀前期
- ●発見場所：日本（兵庫県）

長い首と尾をささえるつり橋構造

竜脚類をはじめとする恐竜たちは、首も尾も地面にたれさげずに、腰とおなじくらいの高さにもちあげていました。長い首や尾を水平にささえることは、とても力のいることですが、恐竜の場合は、背骨をつなぐゴムのような強力なじん帯で、首と尾を引っぱりあげていました。これはちょうど、つり橋で橋をつりさげるのとおなじ仕組みです。

しかし、かたいじん帯は、自由自在には曲げることができなかったと考えられています。

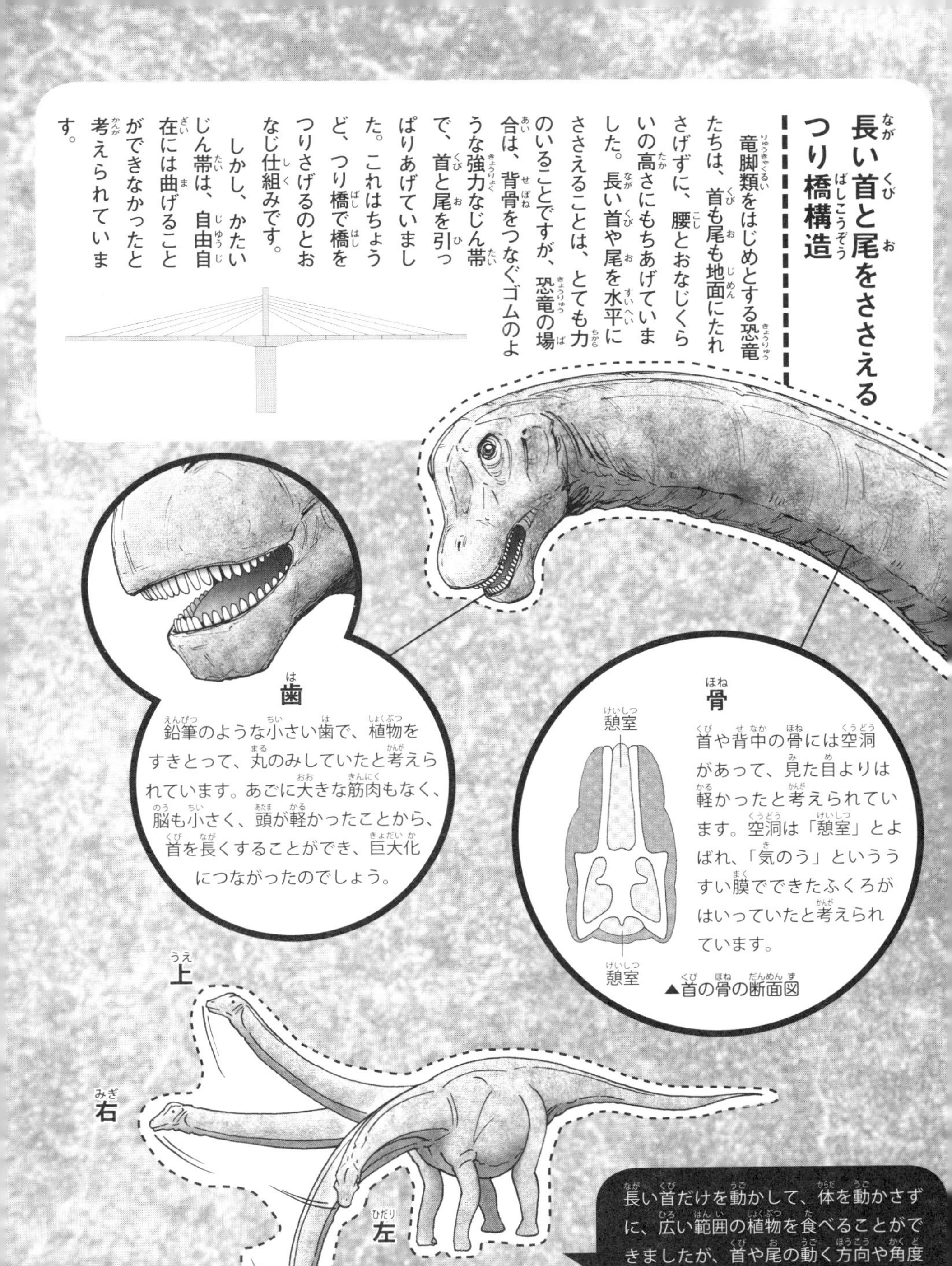

取材ウラ話

「え？　動物番組の『ダーウィンが来た！』で恐竜を特集するの？」

みなさん、そう思ったかもしれません。

私は、これまで『ダーウィン』で「水上を走るトカゲ、バシリスク」、「水中を泳ぐ海鳥パフィン」、そしてボルネオ島で「忍者のような技をくりだすナガレガエル」など、いくつもの動物を取材して、番組をつくってきました。他方で、NHKスペシャル『恐竜vs.ほ乳類』、『恐竜絶滅』、『生命大躍進』などの、進化をテーマにした番組も制作し、古代動物の生態、進化などについても関心をもってきました。そうした経験から、「恐竜だって、立派な動物のひとつ。現代の動物の生態を伝える『ダーウィン』で、恐竜を取り上げてもいいはずだ。」と、数年来、思いつづけてきました。その思いがついに通じ、ようやく実現したのが、今回の『ダーウィン』恐竜特集です。

ただ、いざ番組を実現させるとなると、決定的に問題となったのは、当たり前ですが、「主役がもういない。」ということ。その動物が生息する場所を訪ね、生態を撮影するという正攻法は不可能です。そこで今回、重要となったのが、みなさんもご存知のCG技術です。CGで恐竜たちを描けば、ふだんの『ダーウィン』で紹介する、カエルやクジラなどの動物とおなじように、その生態を番組で紹介できる、と考えました。

でも、ここで気を引きしめたのは、「これはファンタジーではない。動物番組である。」ということの自覚です。じつは、CGで恐竜の生態を描くとなると、「やり放題」という誘惑が頭をもたげます。ふだんの『ダーウィン』なら、「主役の動物の、こんな生態を撮影したい！」というねらいをもって現地を訪問、あとはその動物をひたすら観察します。そしてねらった生態が撮影できるまで、ひたすら根性で撮りつづけるのです。だから、うまくいくこともあれば、いかないこともあります。『ダーウィン』は、動物が主役のドキュメンタリーですから、あとは撮れた実際の映像をもとに編集し、番組をつくるしかありません。しかし、CGにはそんな制約はありません。思い描いた生態を自在に描けます。「トリケラトプスがティラノサウルスに噛みつくシーンがほしい。」と思えば、そう描けますし、「ティラノサウルスに、尾でトリケラトプスを吹

担当ディレクター

植田和貴

き飛ばさせたい。」と思えば、そのようにも描けます。通常の『ダーウィン』の動物撮影では、絶対許されないこと。「動物の生態を自由に描けてしまう。」という誘惑が、CGにはあるのです。だからこそ、私は通常の『ダーウィン』の取材時以上に気を引きしめ、制作にあたりました。まず、CGをつくる前に、恐竜の生態を描いた絵コンテを準備しました。その絵コンテを持って、恐竜の研究者を訪ね、顔をつき合わせながら、用意した絵コンテに問題がないか、できる限り詳細にチェックをしました。

さらに今回、重要視したのは、動物カメラマンの意見です。恐竜が歩き回る「背景」はアメリカの荒野で撮影しましたが、その撮影は経験豊富な動物カメラマンが担当してくれました。ライオンやワニなど、数限りない動物たちの生態、命のやり取りを目撃、撮影してきた動物カメラマンの意見を、絵コンテに反映させることで、より生き生きとした恐竜たちの生態を描き出せると考えたのです。

実際、こんなことがありました。「ティラノサウルスは、わが子が敵におそわれたとき、その子を助けるのか？」と、恐竜研究の権威、北海道大学の小林快次さんに尋ねると「うーん。」と、うなってしまいました。なぜなら、ティラノサウルスの子育てに関わる手がかりが見つかっておらず、確かなことはわからないからです。ところが、そこに居合わせた動物カメラマンが、「おれはワニが、わが子がおそわれたときに助けに入るのを目撃した。」と証言。小林さんも「鳥はもちろんだが、ワニさえもわが子を助けることがあるのなら、どちらとも関係の深いティラノサウルスも、わが子を助けたかもしれませんね。」などと反応。このやり取りの結果、今回「ティラノサウルスが危機におちいったわが子を助ける。」という「踏み込んだシーン」を描くこととなりました。

このように今回は、「恐竜研究者が考える恐竜の生態」に『ダーウィン』の実際の動物撮影の経験」を足し合わせて、CGで再現する恐竜の生態の詳細を詰めていきました。そんなこんなで初めてつくった、『ダーウィン』恐竜特集、楽しんでご覧いただければ幸いです。

NHKダーウィンが来た！
超肉食恐竜ティラノサウルスの大進化！

2017年2月8日 第1刷発行

【原作】
NHK「ダーウィンが来た！」

【編纂】
講談社

【漫画】
高橋拓真

【制作協力】
NHKエンタープライズ
足立泰啓　植田和貴　井石綾

【装丁】
ダイアートプランニング

【取材協力】
神流町恐竜センター　国立科学博物館　諸城市 恐竜文化研究センター（中国）
丹波竜化石工房「ちーたんの館」　中国科学院 古脊椎動物古人類学研究所（中国）
バーピー自然史博物館（アメリカ）兵庫県立 人と自然の博物館

【発行者】　清水保雅
【発行所】　株式会社講談社

東京都文京区音羽2-12-21（〒112-8001）
TEL 編集：03(5395)3542　販売：03(5395)3625　業務：03(5395)3615
【印刷所】　共同印刷株式会社
【製本所】　大口製本印刷株式会社
【本文データ制作】　講談社デジタル製作

N.D.C. 400　131p　21cm

ISBN978-4-06-220443-9